Michael Stocker · Sebastian Meyer · Iris Scholl

Wildtiere am Haus

Haupt
NATUR

Michael Stocker · Sebastian Meyer · Iris Scholl

Wildtiere am Haus

So gelingt das Miteinander

Haupt Verlag

Inhalt

Vorwort

Freuen Sie sich über Vögel, Fledermäuse oder andere Wildtiere an oder in Ihrem Haus? Wollen Sie deren faszinierende Seiten kennenlernen?

Suchen Sie Tipps, um Vögel oder Fledermäuse an Ihrem Haus anzusiedeln?

Oder wollen Sie sich möglicherweise für Vögel oder Fledermäuse engagieren, die durch eine Sanierung gefährdet sind? Wollen Sie selbst ein Gebäude wildtierfreundlich sanieren oder bauen? Wollen Sie sich als Tierfreundin oder Tierfreund zu diesem Thema schlaumachen? Oder sich als Ingenieur:in, Architekt:in oder Planer:in in dieses Thema einlesen?

Oder müssen oder wollen Sie sich als Besitzer:in oder Verwalter:in eines Hauses mit dem Thema Wildtiere auseinandersetzen?

Gibt es vielleicht Probleme mit Wildtieren an Ihrem Haus?

Oder, oder …

Dann ist dieses Buch genau das Richtige für Sie!

Lassen Sie sich inspirieren – wir zeigen Ihnen eine Vielfalt an Lösungen und geeignete Vorgehen, um zu guten Übereinkünften und gesetzeskonformen Maßnahmen zu kommen.

Das Autor:innenteam Michael Stocker, Sebastian Meyer und Iris Scholl ist seit vielen Jahren im Themenbereich «Wildtiere an Gebäuden» tätig und arbeitet dafür mit Architekt:innen, Handwerker:innen, Hausbesitzer:innen, Immobilienverwalter:innen und Behörden zusammen. Bei allen Sanierungs- und Neubauprojekten geht es ihnen immer darum, zusammen mit allen Beteiligten wildtierfreundliche, möglichst einfache und gleichsam kostengünstige Lösungen zu finden. Dafür lesen sie Pläne, steigen auf Baugerüste und retten auch mal einen Mauersegler oder eine Fledermaus aus einem Zwischendach. Im vorliegenden Buch geben sie ihre Erfahrungen weiter, wie Wildtiere und Menschen einen guten Weg finden können, Häuser gemeinsam zu bewohnen. Die Lebensqualität der Wildtiere und die der Menschen – unter Berücksichtigung auch von deren ganz praktischen und ästhetischen Ansprüchen – gleichermaßen hochzuhalten, ist eines ihrer essenziellen Anliegen.

Einleitung – Häuser als Lebensraum für Wildtiere

Hausfassaden mit ihren Strukturen und die Dächer mit ihren Rändern, Kaminen und Gärten sind bei zahlreichen Tierarten sehr begehrt. Spatzen, Schwalben, Falken, Insekten, Spinnen, Marder und andere lassen sich in und an Häusern nieder, viele ziehen hier ihre Jungen groß. Denn das Haus bietet nicht nur uns Menschen Sicherheit und Schutz, sondern auch vielen Wildtieren. Oft bieten Häuser auch die beste Aussicht, um Beute zu erspähen, um zu sehen, was andere Artgenossen machen, und um Feinde rechtzeitig wahrzunehmen. Für einige Arten sind Häuser somit Bestandteil ihres essenziellen Lebensraums, und viele der an und in Häusern lebenden Tierarten und deren Nester sind naturschutzrechtlich geschützt.

Nicht immer aber stimmen die Bedürfnisse der Menschen mit denen der Tiere überein, und es kommt zu Konflikten. Sei es, dass einige Tiere Schmutz bringen oder Schäden verursachen oder dass der Mensch Strukturen und Nischen so verändert, dass die Tiere ihr Zuhause verlieren.

Das hier vorliegende Buch konzentriert sich auf konkrete Maßnahmen, um einvernehmlich mit diesen Tieren zusammenleben zu können. Es beruht auf den persönlichen Erfahrungen der Autor:innen als professionelle Berater:innen (faunistische Baubegleitung) aus den letzten 30 Jahren. Es beschreibt anschaulich, wie es gelingen kann, die Bedürfnisse von Menschen und fassadennutzenden Tieren unter einen Hut zu bringen – und zwar so, dass die Tierarten nicht vertrieben werden und sich naturbegeisterte Menschen an den Mitbewohnern weiterhin freuen können.

Das Buch gibt Tipps für den Neubau, aber auch Rat, wie man mit den Tieren während einer Sanierung naturschutzkonform umgehen kann.

Gleichzeitig werden die einzelnen Tierarten und deren Ansprüche an den Lebensraum vorgestellt. Die Leserinnen und Leser erfahren viel über die Biologie und Ökologie der Tiere, und sie lernen auch, wie Tierfallen – beispielsweise Glasflächen und Schächte – am Haus entschärft werden können.

Im Anhang finden sich weiterführende Literatur und Internet-Links.

Häuser bieten nicht nur kleinere und größere Hohlräume, sie sind mit ihren Fassaden Felsen in der Stadt. Mauern und Holzflanken bieten Vorsprünge, Gesimse, Spalten und Nischen als Unterschlupf, Brut- oder Überwinterungsplatz. Wer gut fliegen oder klettern kann, erreicht diese Stellen leicht. Und je steiler und höher die Fassade ist, desto größer ist der Schutz vor Feinden. Mit der Zeit wurden die künstlichen Felsen höher und höher: Türme, hohe Schornsteine und Hochhäuser wurden gebaut. Turm- und in neuerer Zeit auch Wanderfalken nehmen diese Angebote gern in Anspruch. Aber auch Hausrotschwänze zogen in diese Landschaften mit von Wiesen und Gärten umgebenen Häusern ein. In den Straßenschluchten von Städten fühlt sich inzwischen manch alpine Art wohl.

In vielen natürlichen Felswänden gibt es kleine Gesimse, mit oder ohne Bewuchs, und oberhalb solcher Felswände entwickeln sich häufig Wiesen und Wälder – ähnlich ist es bei Häusern: Da gibt es bepflanzte Gesimse und Balkone, und einige Häuser besitzen ein begrüntes Dach.

Das gemeinsame Bewohnen des Lebensraums Haus erhöht die Lebensqualität vieler Menschen. Denn Tiere zu beobachten, bereichert den Alltag und entspannt – und reduziert damit Stress. Kleinkinder erleben Tiere als Mitgeschöpfe, bauen Beziehungen zu ihnen auf und lernen den Respekt vor den Mitbewohnern. Solche unmittelbaren Begegnungen mit der Natur sind von unschätzbarem Wert.

1 Vögel

Mauersegler

Mauersegler *(Apus apus)* nisten in Spalten und kleinen Nischen in Felswänden. Unsere Häuser sind ihre Felswände geworden. Doch viele Hausbewohner bemerken nicht, dass auch in ihrem Haus ein oder mehrere Paare nisten. Denn: Man kann das Nest nicht sehen, und Spuren sind nur selten sichtbar. Segler füttern ihre Jungen zudem nur in Zeitabständen von 1–2 Stunden; Ein- und Ausflüge sind deshalb viel seltener als beispielsweise bei Spatzen.

Mauersegler brüten gern in der Nähe von Artgenossen, oft am gleichen Gebäude oder am Haus gegenüber. Kommen die Vögel im Frühling aus Afrika zurück, versucht jeder Mauersegler, nach Möglichkeit sein letztjähriges Nest wieder zu belegen. Die Tiere können bis zu 20 Jahre alt werden. Nische und Nest werden oft über mehrere Generationen weitergenutzt.

Die Nester werden an Häusern in hochgelegenen Nischen, Mauerspalten, in und unter Dachvorsprüngen oder unter Ziegeln angelegt. Manche nisten auch hinter Verzierungen oder in Spechtlöchern einer Fassade. Der Rückgang der Population ist darauf zurückzuführen, dass viele Nistplätze bei Gebäudesanierungen, Renovierungen und Umbauten – oft aus Unachtsamkeit – zerstört werden. Und einige der heutigen Bautechniken und Baustile bieten kaum Möglichkeiten für eine Neuansiedlung.

Ein Leben im Flug

Fast alle lebenswichtigen Aktivitäten erledigt der Mauersegler im Flug: Er frisst, trinkt und übernachtet in der Luft. Ganz typisch sind die ausgiebigen Flugspiele am Himmel. Mauersegler können sich sogar fliegend paaren. Nur zum Brüten und allenfalls zum Ausruhen in Nischen unterbrechen sie ihren Flug.

Die Mauersegler gehören zu den Langstrecken- und Dauerfliegern unter den Vögeln, ihre Flugleistung ist enorm. Haben sie ihr Nest einmal verlassen, fliegen Mauersegler fast ihr ganzes Leben. Da sie sich ausschließlich von Fluginsekten ernähren, verlassen sie Europa im insektenarmen Winter und verbringen die kalte Jahreszeit über der südlichen Hälfte von Afrika. Dabei legen sie jedes Jahr Zugdistanzen von bis zu 12 000 km zurück. Die effektive Flugdistanz ist aber weit größer und ergibt in einem Mauerseglerleben eine zurückgelegte Strecke von rund 5-mal zum Mond und zurück. Im Sturzflug erreichen diese Hochleistungsflieger Geschwindigkeiten von 150–180 km/h und fliegen so enge Kurven wie kaum ein anderer Vogel.

So erkennt man sie

Nur zu sehen, wenn sie fliegen: dunkle, ankerförmige Silhouetten mit langen, sichelförmigen Flügeln. Sie flitzen oft in Trupps mit hohem Tempo und lauten «Srii-srii»-Rufen dicht über Dächer und um Hausecken.

Mauersegler fliegen, wenn immer möglich, in der Gruppe.

Bindung an ein Haus: eng; Nistplatz, von Ankunft bis Juli
Anwesenheit im Gebiet: Ende April bis Anfang August, Nachzügler bis Anfang September möglich
Aktionsradius um Brutplatz während Brut und Aufzucht: 20–500 km (!)
nur Nestrandaufbau, 1–3 weiße, glanzlose Eier
Brutbeginn: ab Ankunft, **Schlüpfen:** ab Ende Mai, **Ausfliegen der Jungen:** ab Mitte Juli, **1 Brut pro Saison,** Ersatz- bzw. Spätbruten selten
Körperlänge: 16–17 cm, **Flügelspannweite:** ca. 40 cm, **Gewicht:** 42–55 g

Nachwuchs

Mauersegler legen normalerweise 1–3, selten 4 Eier, die von Männchen und Weibchen abwechselnd während insgesamt ca. 20 Tagen bebrütet werden. Auch das Füttern bis zum Ausfliegen nach 42–46 Tagen (!) ist Aufgabe beider Eltern. Haben die Alttiere bis zu 500 Insekten erhascht, fliegen sie zum Nest und verfüttern den Futterballen an einen Jungvogel oder, wenn die Jungen noch sehr klein sind, auch an mehrere. Diese warten manchmal Stunden auf Futter.

Sind bei Kälte oder Regenwetter kaum Insekten in der Luft, weichen die erwachsenen Mauersegler großräumig in insektenreiche Gebiete aus (Wetterfluchten). Es kann sein, dass diese mehrere Hundert (!) Kilometer vom Nest entfernt liegen. Junge Mauersegler müssen in solchen Fällen ein bis mehrere Tage ohne Futter ausharren. Damit sie in dieser Zeit nicht verhungern und erfrieren, fallen sie in eine Art Kältestarre. Dabei wird die Körpertemperatur gesenkt, das Herz schlägt weniger oft. So können die Jungvögel Energie sparen und durchhalten, bis sie wieder gefüttert werden. Kommen die Eltern zurück, wärmen sie zuerst ihre Jungen auf, bevor sie sie füttern. Bleiben die Eltern jedoch zu lange weg, kann es geschehen, dass die Jungen eingehen.

Eier (aus Brutzeit vom Vorjahr) und Nesttyp im Vergleich: links Spatzeneier – mit dunklen Flecken auf gräulichem Grund mit einer klassischen Ei-Form (in einem zerzausten Spatzennest), rechts Mauerseglereier – fast reinweiß, ihre Form ist kegelförmiger, beim hinteren Ei gut sichtbar. (Das Mauerseglernest zeigt eine ausgeprägte Schalenform und scheint bereits über Jahre genutzt.)

Haben Sie's gewusst?
Mittels Radartechnik, Geodatenlogger und Besenderung konnte bestätigt werden, dass Mauersegler fliegend übernachten. Dabei schlagen sie alle paar Sekunden mit den Flügeln, um wieder an Höhe zu gewinnen. Man vermutet, dass die zwei Hirnhälften abwechselnd schlafen, während die jeweils wache den Flug und das Flügelschlagen kontrolliert.

Ab in die Luft

Wenn die jungen Mauersegler das Nest verlassen, müssen sie bereits fliegen können. Denn sie müssen sofort ausdauernd fliegen, da sie sich nie auf Ästen, Drähten oder Dächern ausruhen. Um die Flugmuskulatur für den Wegflug zu stärken, schlagen die jungen Mauersegler im Nest mit den Flügeln – bei Platzknappheit zittern sie mit den Muskeln.

Im ersten Rückkehrjahr brüten junge Mauersegler in der Regel noch nicht. Sie fliegen in der Gruppe und erkunden Nistmöglichkeiten für das nächste Jahr, meistens in der Nähe der Eltern.

Mauersegler inspizieren eine Nische bzw. einen wiederangebotenen Durchschlupf zu einem Nest.

Anforderungen an einen (idealen) Nistplatz

- Ein Mauersegler-Nistplatz hat etwa die Größe einer Schuhschachtel, also ca. 35 × 12 × 12 cm.
- Er ist eher dunkel.
- Er weist eine Mulde/Nestschale auf.
- Die Einflugöffnung ist ca. 6 × 4 cm groß.
- Der Abstand zur nächsten Einflugöffnung beträgt mindestens 50 cm, jede Öffnung führt zu einer eigenen Kammer bzw. einem eigenen Nistkasten.
- An der Einflugöffnung befindet sich eine griffige Fläche, an der sich die Vögel festkrallen können.

- Die Anflugbahn unmittelbar vor der Landestelle ist hindernisfrei: Kein Baum, keine Drähte, kein Abflussrohr, kein Mauervorsprung behindern den Anflug.
- Die Ein- bzw. Ausflugöffnung liegt exponiert. Sie liegt bündig an der Fassade oder überragt sie. So können sich Mauersegler beim Abflug ca. 4–5 m senkrecht fallen lassen, um Geschwindigkeit aufzunehmen.
- Die Temperaturen im Nest bleiben gemäßigt. (Bei sehr hohen Temperaturen gehen junge Mauersegler unruhig im Nistkasten herum und fallen dann – oft noch flugunfähig – heraus.)

Gutes Einvernehmen

Mauersegler sind im Nest bis zu den letzten Tagen vor dem Ausfliegen leise und verursachen auch keine Verschmutzung. Sind die Jungen noch klein, schlucken die Eltern deren frische Ausscheidungen. Später tragen die Altvögel die Exkremente im Kehlsack fort. Trotzdem empfiehlt es sich, Nistplätze nicht direkt oder nur in mindestens 1,5 m Abstand über Fenstern einzurichten. Wird bei einer nächsten Fassadenrenovierung der Nistkasten gereinigt, belässt man das Nest oder eine Nestmulde im Kasten.

Blick in einen offenen Mauersegler-Nistkasten mit Starensicherung: Einflug von vorn durch den Tunnel (rechts unten), den Stare meiden.

In einem Gebiet mit vielen Staren können Mauersegler-Nistkästen montiert werden, die eine «Starenbremse» aufweisen. Hier ist unmittelbar nach der Einschlupföffnung ein ca. 10 cm langer und maximal 3,3 cm hoher Durchschlupf vorhanden.

So geht's – Nisthilfen für Mauersegler

Erhalten/Vergrößern: Mauersegler sind sehr ortstreu: Die Tiere kehren jedes Jahr an ihren alten Brutplatz zurück, die Nester werden demnach viele Jahre genutzt. Auch Neuverpaarte nutzen die alten Nester; sie bessern die Nestschale etwas aus und kleben

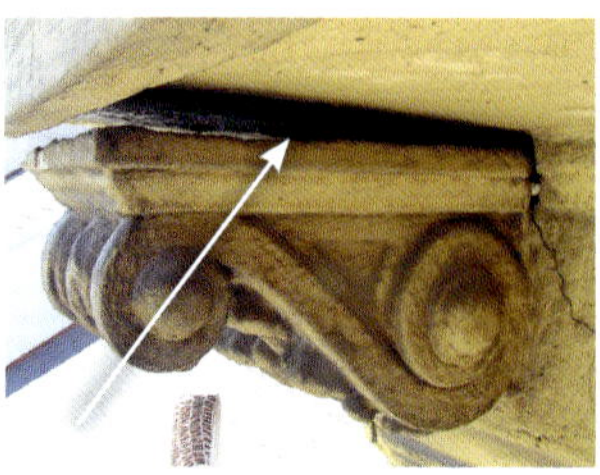

Mauersegler-Nistplatz in Zierkonsole wurde bei der Sanierung erhalten (links und Mitte) und benachbarte Zierkonsolen geöffnet, um das Nistplatzangebot zu erweitern.

allenfalls neues Polstermaterial in die Nestmulde. Deshalb besteht die wirksamste Hilfe in der Erhaltung bestehender Nistplätze. Viele Nistplätze werden jedoch bei Baumaßnahmen zerstört, und moderne Gebäude bieten oft keine geeigneten Nischen. Mit dem Anbringen zusätzlicher Nistmöglichkeiten am selben Haus oder in naher Nachbarschaft können somit lokale Vorkommen erweitert werden.

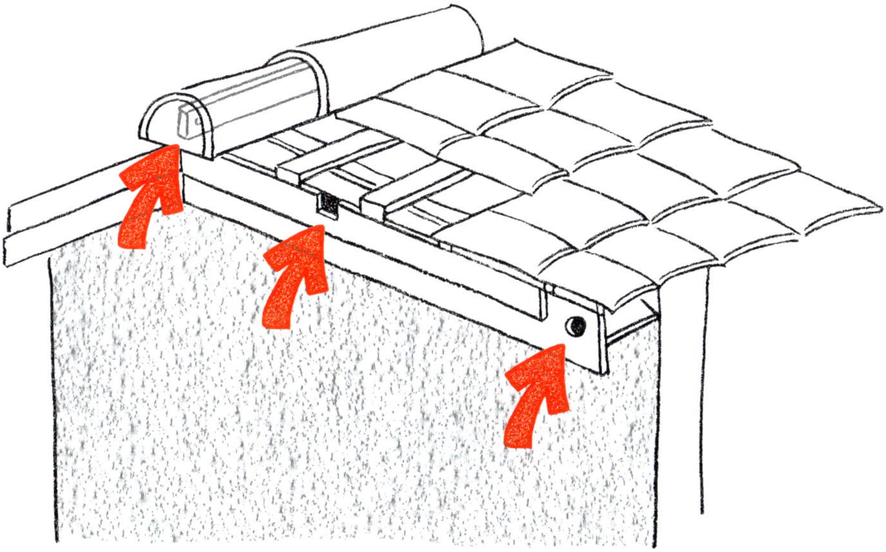

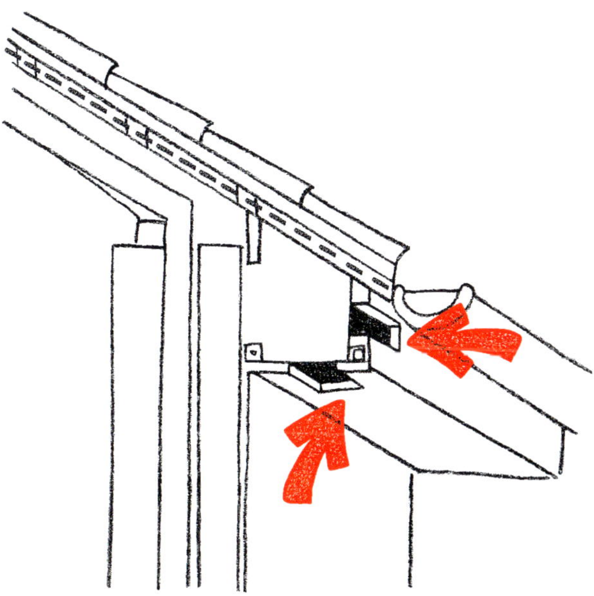

Sanieren/Umbauen: Steht eine umfassende Fassaden- oder Dachrenovierung an, sollte man möglichst an der originalen Stelle wieder eine Nische zur Verfügung stellen oder einen Nistkasten anbringen.

Links: Durch eine Lücke am oberen Rand einer älteren Dämmung gelangten Mauersegler auf die Mauerkrone. Mitte: Neuer Blechkanal zur Sicherung des Durchschlupfes. Rechts: Sanierte und gesicherte Einschlupföffnung an der originalen Stelle in der sanierten Wärmedämmung.

Links: Haus mit Mauersegler-Nistplatz im First. Mitte: Eingepasste Holznische im Giebelbereich über der zukünftigen Dämmung. Rechts: Dämmung ist hochgezogen und verputzt. Von der fertigen Nische sieht man nur noch die Einflugöffnung von unten an der originalen Stelle.

Links: Fassadenvorsprung mit Mauersegler-Nistplatz unter Verblechung. Mitte: Neugestaltung des Nistplatzes und der Einflugöffnung. Rechts: Saniertes Dach mit gesichertem Nistplatz an originaler Stelle.

Damit die Mauersegler einen neuen Nistplatz leicht finden, sollte man versuchen, ihren Suchbildern zu entsprechen. Suchbilder entwickeln junge Mauersegler, wenn sie nach dem Ausfliegen Nistplätze anfliegen, aus denen Artgenossen rufen. So lernen sie, wo die Nischen am Haus liegen und wie die Einflugöffnung aussieht. Die Mauersegler eines Hauses haben sehr ähnliche Suchbilder.

Beobachtet man, dass ein Baugerüst an einem Gebäude mit Mauerseglernestern aufgestellt wird, sollte auf die Mauerseglerpopulation aufmerksam gemacht bzw. die

Links: Ein Mauersegler schlüpft durch eine Dehnungsfuge zu seinem Brutplatz. Mit der Sanierung wurden diese Nistmöglichkeiten verschlossen. Rechts: «Nistturm» mit 4 übereinanderliegenden Nistplätzen, unmittelbar neben der alten Dehnungsfuge mit den originalen Nistplätzen. Um die Dehnungsfuge optisch nachzuahmen, wurde ein 4 cm breiter schwarzer Strich von oben nach unten geführt. Darin sind die Öffnungen zu den integrierten Nistkästen platziert.

Naturschutzbehörde informiert werden. Wenn das Gerüst schon vor der Rückkehr der Mauersegler steht, können Ersatznistkästen am Gerüst als Ausweichlösung helfen (siehe dazu auch Kapitel «Während der Sanierung»). Wichtig ist, dass nicht nach dem Brutbeginn der Mauersegler mit dem Bauen begonnen wird, denn Bruten der Mauersegler sind geschützt.

Traufkasten mit Einflugloch in Stirn-/Traufbrett

Traufkasten mit Einflugloch von unten, in der Dachuntersicht

Pfettenverkleidung mit Einflugloch

Neuansiedlung: Neuansiedlungen von Mauerseglern gelingen dort am besten, wo bereits Mauersegler in der Umgebung nisten. Da Mauersegler Koloniebrüter sind, suchen sie bevorzugt in der nahen Umgebung anderer Mauersegler-Brutplätze. Trotzdem kann es bis zu 10 Jahre oder mehr dauern, bis neu geschaffene Nistmöglichkeiten angenommen werden. Im Kapitel «Neubau» werden einige Tipps aufgelistet, die die Neuansiedlung beschleunigen können.

Für Mauersegler-Nistkästen aus Holz gibt es Bauanleitungen. Einflugöffnungen sind unten, an der Breitseite oder auch an der Stirnseite möglich. Nistkästen aus Holzbeton sind im Fachhandel erhältlich. Neben Modellen, die in Mauern integriert werden können, gibt es solche, die am Unterdach oder an der Fassade angebracht werden (siehe auch Kapitel «Wärmedämmverbundsysteme»). Die Besiedlungswahrscheinlichkeit wird erhöht, wenn man in den neuen Kasten eine Nestmulde legt. Auch ist das Anbringen einer Mauersegler-Silhouette (Zeigevogel) hilfreich.

Verschiedene Nistkasten-Typen (v. l. o.): Kasten unter Dachvorsprung, Kasten halb in Wärmedämmung eingelassen, Kasten an Fassade (mit starker Abschrägung gegen das Ansitzen von Tauben), Kasten voll integriert in Wärmedämmverbundsystem, Kästen aus Holz mit stirnseitiger Einflugöffnung mit Verschlussmöglichkeit, Kästen unterhalb Pflanztrog eines Fassaden-Begrünungssystems

Mauersegler-Nistkasten in der Dämmung eines Neubaus mit Klangattrappe und Zeigevogel

Alpensegler

Alpensegler *(Tachymarptis melba)* sind die etwas größeren Verwandten der Mauersegler. Wie die Mauersegler sind sie Felsenbrüter und nutzen unsere Gebäude als Brutstandorte, und zwar häufig ganz ähnliche Stellen eines Hauses wie die Mauersegler, oft aber auch höhere Gebäude (Kirchtürme, historische Türme) und extremere Standorte.

Anders als Mauersegler schlüpfen Alpensegler auch in größere Dachräume, in denen sie relativ frei liegende Nester einrichten. Zudem bilden sie regelmäßig Schlafgemeinschaften, mitunter mit vielen Artgenossen.

Sie nehmen aber auch gern Unterlagen wie Mauerkronen, Steinplatten, Holzbalken oder Bodenbretter in Dachstöcken an. Dort kleben sie ein Nest oder auch nur einen Nestrand, sodass die Eier nicht wegrollen und die Jungvögel Halt finden können. Als Nestmaterial verwenden sie Federn und Pflanzenteile (in der Zivilisation auch Kunststoff, Papierfetzen, Schnüre), die vom Wind aufgewirbelt und von den Seglern erhascht werden.

Die einzelnen Nistplätze müssen nicht gegeneinander abgetrennt sein. Nestlinge benachbarter Nester besuchen einander und versuchen auch einmal, bei den fremden Eltern etwas Futter zu bekommen. Allerdings ist der Bruterfolg in abgetrennten Nestern höher.

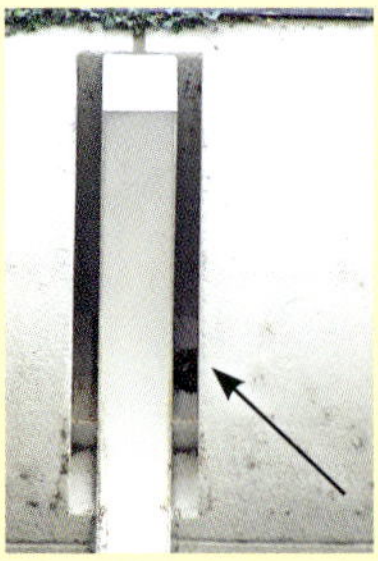

Links: Hinter dem Zifferblatt einer großen Kirchenuhr in Zürich (Seitenansicht). Mitte: In der Spalte einer Tragkonstruktion (Sicht von unten), Nest in rechter Spalte. Rechts: An der Holzwand eines Dachbodens (Sicht von unten), Schwingen der fast flüggen Alpensegler sind sichtbar.

Haben Sie's gewusst? – Speichelnäpfe

Dank eines speziellen Eiweißes im Speichel können Alpensegler ihre Nester auch an senkrechte Wände kleben. Das ermöglicht es ihnen, auch in steilen Spalten oder senkrechten Wänden zu brüten, beispielsweise hinter dem Zifferblatt von Kirchenuhren oder zwischen den Gewichtssteinen eines Baukrans.

Der Einflug in den Brut- und Schlafraum kann durch Spalten, Löcher und sogar senkrechte, bis 40 cm lange Bohrungen oder Lüftungsrohre erfolgen. Bei großen Räumen wie Dachstöcken oder Brückenkästen nutzen Alpensegler auch gemeinsame Einflugöffnungen – im Gegensatz zu Mauerseglern, die zu jedem Nest einen eigenen Einschlupf nutzen.

Frisch geschlüpfte Alpensegler im Schalennest

Junge Alpensegler benötigen fast acht Wochen, bis sie flügge sind, so lange wie junge Störche. Nach Verlassen des Nests müssen sie sofort fliegen können und selbst Futter jagen, von den Eltern werden sie nun nicht mehr gefüttert. Die Jungen werden aber in die großen Fluggruppen integriert.

Schlafen in Gruppen

Nach der Brutzeit lösen sich die Tiere von ihrem Brutort und schlafen mal hier, mal dort in Kolonien, die auch 100 km entfernt sein können. Oder sie übernachten fliegend in der Luft – Alpensegler können mehr als 200 Tage ohne Stopp in der Luft bleiben.

Vor dem Zug nach Süden sammeln sie sich an kühlen Abenden manchmal an einem geschützten Ort, unter einem Vordach oder zwischen Gegengewichten eines Baukrans, um gemeinsam zu übernachten.

So erkennt man sie

Dunkelgraubraune Vögel mit reinweißem Bauch und weißer Kehle, getrennt durch ein schmales, dunkles Brustband. Schnell fliegend in Gruppen. Lange, sichelförmige Flügel. Ruf laut trillernd. Sie wirken im Flug ruhiger als Mauersegler, auch wenn sie diese in puncto Tempo sogar übertreffen.

Bindung an ein Haus: eng; Nistplatz, April bis September, selten Anfang Oktober
Anwesenheit im Gebiet: März bis September/Oktober
Aktionsradius um Brutplatz während Brut und Aufzucht: 20–500 km (!)
Nest aus Material, das in der Luft gesammelt und mit Speichel zusammengeklebt wird, auf waagerechtem Untergrund manchmal nur ein Nestrand, balkonartig in Spalten; bei langjährig benutzten Nestern sind manchmal verschiedene Bauetappen sichtbar, sie sind zuweilen mehrere Zentimeter hoch aufgeschichtet, 2–3 (4) matt glänzende, weiße Eier (ca. 3 cm lang)
Brutbeginn: ca. Mai/Juni, **Schlüpfen:** ca. Mitte/Ende Juni, **Ausfliegen der Jungen:** ab Anfang August, **1 Brut pro Saison,** Ersatz- und Spätgelege möglich
Körperlänge: 22 cm, **Flügelspannweite:** 56 cm, **Gewicht:** 80–120 g

Vorkommen dehnen sich weiter nordwärts aus

In der Schweiz und in Österreich gibt es Alpensegler-Brutplätze in den Felsen warmer Alpentäler (Tessin, Wallis, Graubünden, Tirol, Salzburg, Kärnten). Städte sind immer ein paar Grad wärmer als das offene Umland, für die Alpensegler war das offenbar warm genug, um seit Ende des 16. Jahrhunderts, vor allem Ende des 19. Jahrhunderts, die Alpen zu überqueren, unsere Städte zu erobern und kontinuierlich nach Norden zu expandieren. Die ersten Hinweise auf Gebäudebruten stammen von ungefähr 1580 aus Bern.

Hinter dem Zifferblatt dieser Kirche in Zürich brüten Alpensegler.

1950 hatten die ersten Alpensegler Freiburg im Breisgau erreicht, 2020 stammt der nördlichste Brutnachweis aus dem Bereich Karlsruhe. Aber auch in Mitteldeutschland und Berlin konnten schon vereinzelt Alpensegler beobachtet werden. Aktuelle Nachweise von Gebäudebruten gibt es auch aus Bregenz (Vorarlberg) und Lindau am Bodensee (Bayern).

Anforderungen an einen (idealen) Nistplatz

Alpensegler haben zum einen ähnliche Ansprüche wie die Mauersegler, brauchen aber größere Brutnischen. Zudem können sie die Böden von Dachräumen gemeinsam nutzen und große Kolonien bilden. Und sie können in schmalen senkrechten und nach unten offenen Spalten brüten.

- Einflugöffnungen in einen Nist- oder Traufkasten sollten maximal 4,5 cm hoch und 10–40 cm breit sein.
- Der Einflug in den Nistbereich findet idealerweise von unten statt.
- Die benötigte Bodenfläche misst ca. 800 cm^2. Die Mindestbreite beträgt 12 cm.
- Eine Sicherung von Dachstöcken gegen Marder ist notwendig (Kapitel «Steinmarder»). Die Sicherung von Dachstöcken gegen Dohlen, Falken und Krähen erfolgt durch die Reduktion der Einflugöffnungshöhe auf 4 cm.

Künstliche Nistmöglichkeiten für Alpensegler: (links) im Traufkasten eines Vordaches; (rechts) Ersatzkästen für Nischen in Rollladenkästen.

Alpensegler bevorzugen den Einflug von unten: (links) in die Dachuntersicht des Traufkastens geschnittene Öffnungen; (rechts) Alpensegler-Flachkästen unter dem Dachvorsprung montiert.

Für Alpensegler entwickelte Flachkästen sind der natürlichen Situation von senkrechten Felsspalten nachempfunden. Sie bilden einen mindestens 10 cm breiten Spalt, in den eine oder mehrere Sitzplattformen mit eingelassenen leichten Mulden platziert sind. Die Alpensegler fliegen von unten ein, klettern an den Wänden hoch und lassen sich dann auf den Plattformen nieder.

Für Schutz- und Fördermaßnahmen rund um Alpensegler ist es ratsam, eine entsprechende Fachperson hinzuzuziehen.

Alpensegler-Flachkästen an einem Baugerüst

Mehlschwalben

Mehlschwalbennester kleben an der Fassade: unter Vordächern, unter Gesimsen, in Balkonen und Loggien. Sie sind unverkennbar: graubraune Viertelkugeln, in denen nur eine kleine Aussparung den Einflug erlaubt. Von April bis September sind die Vögel meist nicht weit weg und kommen immer wieder ans Nest.

Mehlschwalben *(Delichon urbicum)* fühlen sich in der Nähe der Menschen wohl und lassen sich von ihnen kaum stören. Sie fliegen meist eher langsam und unterbrechen ihren Flügelschlag regelmäßig, um zu segeln. Manche Flugsequenzen erinnern an den Flug von Schmetterlingen. Beim Segeln breiten sie die Schwingen aus und spreizen den Schwanz. Gut sichtbar wird dann die Dreiecksform der Flügel – im Gegensatz zur Sichelform der Flügel der Mauersegler.

So erkennt man sie

April bis September. Schwarz-weiße Vögel am Himmel, auf Dachkanten oder Dachschrägen, Freileitungen, Baumästen oder anderen Ruheplätzen sitzend. Meist in der Gruppe fliegend. Immer wieder etwas aufsteigend und dann segelnd sich etwas fallen lassend. Spatzengroß. Bürzel reinweiß; ist wie eine im Flug gut sichtbare weiße «Laterne». Mögliche Verwechslung mit Rauchschwalben (vgl. nachfolgendes Kapitel).

Gern gesellig

Mehlschwalben fliegen oft gemeinsam zwitschernd umher und jagen nach Insekten. Sie setzen sich gleichzeitig an eine Lehmpfütze, um Baumaterial für ihre Nester aufzunehmen, und fliegen oft fast zur selben Zeit zu den Nestern zurück, um die Jungen zu füttern. Mehlschwalben brüten am liebsten in Kolonien. Die Nester liegen nahe bis sehr dicht beieinander, in größeren Kolonien gibt es sogar traubenförmig angeordnete Mehlschwalbennester, bei denen die Nestwand des einen Nests direkt zur Nestwand des benachbarten Nests wird. Doch unmittelbar am Nest und im Nest gilt: Privatbereich! Selbst die Einfluglöcher weisen meistens in unterschiedliche Richtungen.

Ein einsam genutztes Nest an einem Haus ist oft ein letztes Nest einer ehemals größeren Kolonie, in der zum Beispiel Nester abgefallen sind oder zerstört wurden. Das Paar bleibt über mehrere Jahre seinem Nest treu.

Mehlschwalbengruppe beim Aufnehmen von feuchter Erde für den Nestbau

Die Gemeinschaft, die Zugehörigkeit und/oder das Dabeisein scheinen sehr wichtig. Dies zeigte sich bei einer spontanen Neuansiedlung an einem Wohnblock in einem halb offenen Hof. In kurzer Zeit bauten Mehlschwalben über 40 Nester, während sich im architektonisch und situativ gleichen Hof 20 m daneben auch fast 20 Jahre später kein einziges Paar niedergelassen hat. Dafür bauten einige Paare an einem Haus vis-à-vis der Kolonie auf der anderen Straßenseite ihre Nester.

Haben Sie's gewusst?

Jährliche Bestandsschwankungen bei den Mehlschwalben von 25–30 Prozent kommen recht häufig vor.

Die Reise nach Afrika ist nicht ungefährlich. Kaltwetter, Stürme und Vogeljäger können den Vögeln zusetzen. Aber auch bei uns lassen das Wetter und die Nahrungsverhältnisse gelegentlich Junge verhungern, sodass der Bruterfolg stark schwankt. Im September 2024 suchte eine regenreiche Kaltfront Mitteleuropa heim, sodass viele Schwalben noch auf der Alpennordseite erschöpft oder sterbend vom Himmel fielen. 1974 gab es eine ähnliche Situation. Damals wurden in der Not eine Million Schwalben mit dem Flugzeug in den Süden geflogen.

Bindung an ein Haus: eng; Nistplatz, Ende April bis September
Anwesenheit im Gebiet: Frühling bis Herbst
Aktionsradius um Brutplatz während Brut- und Aufzucht: 50–500 m
Nest: aus Erdmaterial an Hauswänden, 2–6 reinweiße Eier
Brutbeginn: Mai und Juli, **Schlüpfen:** nach 14–16 (max. 22) Tagen, **erstes Ausfliegen der Jungen:** nach ca. 26–29 Tagen, **(1–)2 Bruten** pro Saison
Körperlänge: 12–13 cm, **Flügelspannweite:** 27–29 cm, **Gewicht:** 15–21 g

Gefährdete Glücksbringer

Mehlschwalben gelten als Frühlingsboten und Glücksbringer. Heute sind sie zwar noch Frühlingsboten, doch ihr Glück ist nun von Menschen abhängig, die sie unterstützen. Denken Menschen an Mehlschwalben, taucht in ihnen meist das Bild eines Bauerndorfes auf – doch in vielen Dörfern fehlen sie mittlerweile.

Umgekehrt überraschen sie uns da und dort mit ihrer Anwesenheit in größeren Siedlungen, in Agglomerationen und Städten. Auch mitten in Berlin oder Wien sind ihre Nester an einzelnen Häuserblocks unter Vordächern, Fassadenvorsprüngen, in Loggien oder in Ecken von Fensternischen zu finden. Wichtige Faktoren sind in der Nähe liegende Gewässer (max. 1 km entfernt), aus denen Insekten hochfliegen, Häuser, die Witterungsschutz bieten und an denen die Nester haften bleiben, sowie Menschen, die Nester tolerieren und die Nestöffnungen offen lassen.

Eingespeichelte Erde

Für den Bau ihrer Nester holen sich Mehlschwalben an flachen Pfützen lehmhaltige Erde. Dabei wählen die Vögel exakt die Erde, die weder zu feucht noch zu trocken ist. Diese Stellen, wo die Schwalben Erde aufnehmen, sollten 3–4 m von Sträuchern oder anderen Versteckmöglichkeiten entfernt liegen, sodass anschleichende Katzen zeitig entdeckt werden und die Mehlschwalben rechtzeitig auffliegen können.

Mit ihrer Fracht fliegen sie zum Nest. Sie speicheln das Erdklümpchen ein und platzieren es an der Wand oder an den anderen Erdklümpchen. Kalkputz oder Holz saugen Speichel und Feuchtigkeit auf. So wird eine Verbindung geschaffen, die hält, wenn das Erdklümpchen abgetrocknet ist. Klümpchen um Klümpchen wird herbeigetragen, und Lage um Lage wird aufgebaut (Außennest). Anschließend wird das Nest mit Federn und weichen Halmen ausgepolstert (Innennest). Ein solches Nest kann 0,5 kg und mehr wiegen. Manchmal fallen Teile davon weg, oder die Nester werden stark beschädigt, wenn Spechte oder Falken Jungschwalben herausholen möchten.

Klümpchen um Klümpchen. Je näher die Erdquelle, desto schneller ist das Nest fertig.

Die unterschiedlichen Farben des Baumaterials zeigen, dass es von verschiedenen Erdstellen stammt.

Ein lokales Angebot an feuchter lehmiger Erde in einem regenreichen April/Mai kann dazu führen, dass Mehlschwalben an nahen Häusern Nester bauen und eine neue Mehlschwalbenkolonie gründen.

Oft zwei Bruten im Jahr

Mehlschwalben brüten 1- bis 2-mal pro Jahr. Die Häufigkeit von Zweitbruten schwankt je nach Witterung. Geht das Erstgelege verloren oder wird es aufgegeben, folgt regelmäßig ein Ersatzgelege, in solchen Fällen gibt es meist keine Zweitbrut.

Bis zum Alter von fünf Tagen wird den Nestlingen ca. 150-mal pro Tag Futter gebracht, das heißt ca. alle 5–10 Minuten. Je nach Größe der Brut erhöht sich diese Zahl gegen Ende der Nestlingszeit. Wird die Nahrung bei schlechtem Wetter knapp, können Nestlinge und Altvögel ähnlich wie die Mauersegler (siehe Kapitel «Mauersegler») für maximal vier Tage in einen Starrezustand verfallen, bei dem Körpertemperatur und Energieumsatz sinken.

Im Alter von 26–29 Tagen fliegen die Jungen erstmals aus. Sie sind dann aber noch unselbstständig und kehren ins Nest zurück, wo sie noch mindestens eine Woche gefüttert werden.

Manchmal machen auch Spatzen den Schwalben die Nester streitig. Falls Kunstnester in spatzenreichen Orten aufgehängt werden, empfiehlt es sich, die Öffnungen der Kunstnester mit etwas Lehm zu verkleinern.

Anforderungen an einen (idealen) Nistplatz

- Der Nistplatz ist gut vor Regen und Wind geschützt, zum Beispiel unter einem 40–100 cm tiefen Vorsprung (Wetterschutz).
- Er liegt mindestens 1 m von der Hauskante entfernt.

Vom Specht zunächst aufgebrochen, wird das Nest in der darauffolgenden Saison wieder repariert.

Ein Spatz interessiert sich für ein Mehlschwalbennest.

- Der Nistplatz ist mindestens 2,5 m über dem Boden.
- In maximal 200 m Entfernung vom Nistplatz liegen feuchte Stellen mit feuchtem Lehm, Erde oder Schlamm (oder es werden Kunstnester als Brutmöglichkeit aufgehängt).
- Die Anflugbahn unmittelbar vor der Landestelle ist hindernisfrei: Kein Baum, keine Drähte, kein Abflussrohr, kein Mauervorsprung behindern den Anflug.
- Der Untergrund ist fest, rau und saugfähig (Stein, Holz), sodass die Nester haften.
- Möglichst viele Nester befinden sich nebeneinander oder zumindest an der gleichen Fassade.

Gutes Einvernehmen

Nisthilfen oder Kunstnester werden am besten über geschlossenen Wandstücken, beispielsweise zwischen Fenstern, platziert. Ragen Dachbalken über die Fassade, können die Nester statt an der Fassade an den Balken fixiert werden. Der Vorteil ist, dass die Schwalben parallel zur Fassade anfliegen und abgegebener Kot nicht Richtung Fassade geschleudert wird; auch fällt der Kot der Jungtiere meist vor der Fassade zu Boden.

Verunreinigungen auf Fensterbrettern oder Balkonen können stark reduziert werden, wenn man ein ca. 30 cm breites Brett ca. 50 cm unterhalb des unteren Nestrandes anbringt. Zur gestalterischen Integration empfiehlt es sich, ein solches Kotbrett im Farbton der Hausfassade zu streichen. Besteht das Risiko, dass sich Tauben auf den Kotbrettern niederlassen könnten, kippt man das Kotbrett ca. 45 Grad von der Fassade weg und wählt ein glattes Material. Soll das Kotbrett auf einer Wärmedämmung montiert werden, empfiehlt sich eine kurze Beratung bei einer Fachperson bzw. der Einsatz von Dämmstoffdübeln.

Das geneigte Kotbrett weist den Kot von der Fassade ab, bleibt dabei praktisch leer und lässt keine Tauben darauf sitzen.

Fällt der Kot direkt auf den Boden, kann man auf Kotbretter verzichten. An einer hell gestrichenen Fassade sind Kotspuren schlecht zu sehen. Bauen sich die Mehlschwalben ein Nest in eine Fensterecke, deckt man das darunterliegende Fensterbrett mit einer Folie ab. Will man Mehlschwalben am Haus ansiedeln und gleichzeitig sicherstellen, dass sie zum Beispiel über Fenstern nicht brüten, dann bringt man dort unauffällige Spanndrähte, ein Stück Plexiglas bzw. ein anderes glattes Material an. Will man Nester herunterschlagen oder den Anflug zum Nest unterbinden, nimmt man Kontakt zur Naturschutzbehörde auf, um Ersatzlösungen zu finden. Mehlschwalbennester sind naturschutzrechtlich geschützt.

So geht's – Unterstützung für Mehlschwalben

Erhalten und Erweitern: Hat man eine störungsfreie Fläche im Nahbereich des Hauses zur Verfügung (zum Beispiel Flachdächer von Nebengebäuden, Dachgarten, Wiese), bietet man in einer sehr flachen Wanne (max. 10 cm tief) feuchte, lehmige Erde an (April/Mai). Bei Trockenheit gießt man das Erdreich. Wird die Erde etwas schief angehäuft, dann können die Schwalben mehr oder weniger feuchte Erde auswählen (siehe dazu auch Abschnitt «Eingespeichelte Erde»).

Ergänzung einer Kolonie mit vielen Kunstnestern. Diese Anordnung verhindert eine starke Verschmutzung der Fassade.

Das Erweitern von bestehenden Kolonien ist oft erfolgreicher als eine Neugründung; entsprechend können an Fassaden und Balken Nistunterlagen, Nistboxen oder Niststarthilfen montiert werden. Diese verschließen lokal auch etwaige Lüftungsschlitze am Übergang Fassade-Dach und garantieren ein zugluftfreies Nest.

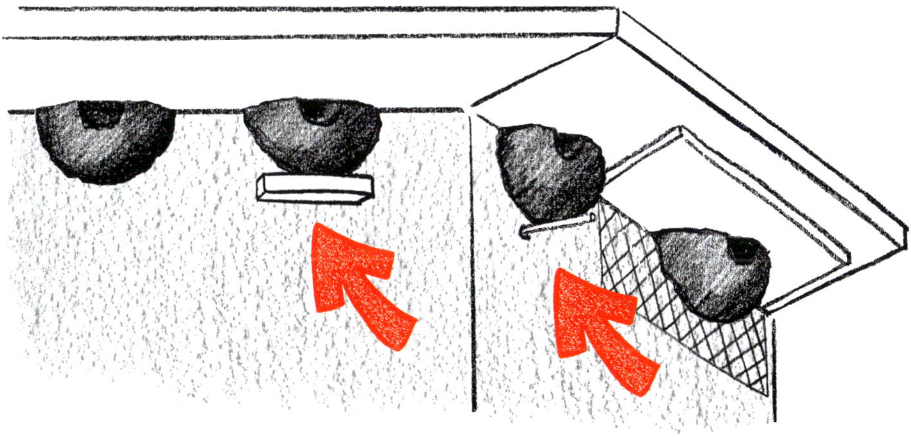

Montage zusätzlicher Mehlschwalbennester als Ausweichmöglichkeit während der Sanierung der angrenzenden Fassade mit Naturnestern

Sanierung: Sind Fassaden zu sanieren, ist es meist nicht vermeidbar, die Mehlschwalbennester zu entfernen. Dies ist jedoch grundsätzlich nur mit Einwilligung der Naturschutzbehörde möglich. (Die konkreten Ansprechstellen sind je nach Staat, Bundesland oder Kanton unterschiedlich.) Zusammen mit der Darlegung über die zeitlichen Abläufe, wie sie im Kapitel «Während der Sanierung» beschrieben sind, kann eine Lösung gefunden werden, damit der Sanierung nichts im Weg steht.

Falls die Sanierung in die Brutzeit fällt, sind Vorbereitungsmaßnahmen in Absprache mit den Naturschutzbehörden zu treffen. Diese können beinhalten, dass an einem Nachbarhaus (vorteilhaft Fassade vis-à-vis) vorübergehend Kunstnester angeboten werden, die möglichst in ähnlicher Position wie die Originalnester platziert und mit einer Klangattrappe ausgestattet sind. Da Mehlschwalben nicht nur sehr ortstreu sind, sondern auch hartnäckig, müssen sie zudem davon abgehalten werden, während der Sanierung am Haus Nester zu bauen. Dies erreicht man zum Beispiel mit flatternden Bändern oder einem dichten, gut gespannten Staubnetz.

Vorbereitende Abwehrmaßnahmen vor Gerüststellung (in Absprache mit Naturschutzbehörde), damit Mehlschwalben keine Nester bauen können.

Eine Mehlschwalbe fliegt hartnäckig zu der Position, an der ihr Nest war.

Ersatz an exakt den Stellen, an denen vorher die Naturnester gebaut waren.

Mehlschwalben können es sehr genau nehmen: Das Kunstnest wurde erst angenommen, nachdem es so gedreht wurde, dass der Einschlupf exakt der Stellung des Naturnestes entsprach (rechtes Foto).

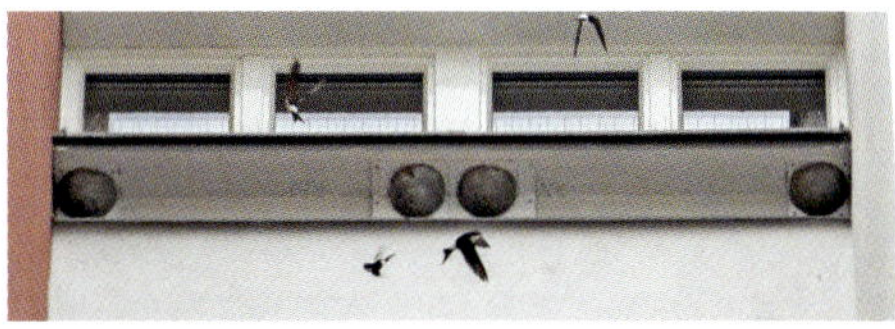

Bei der Sanierung wurden kleine Vorsprünge geschaffen und mit Kunstnestern versehen.

Geschützte Bereiche werden in einer Nistbox erreicht. Zwischen den Kunstnestern ist Rauigkeit und Platz für den Mehlschwalben-Eigenbau vorhanden. Im rechten Bild sieht man ein kleines Längsholz als Stütze für einen Eigenbau. Es ist nur mittig vorhanden, sodass Krähen sich nicht unter den Kunstnestern ankrallen können.

Lokal vorgezogener Dachvorsprung mit Seitenwänden als Windschutz

Achtung: Das Anbringen von temporären Nistmöglichkeiten am Gerüst wird nach unserer Erfahrung von Mehlschwalben kaum angenommen (anders als bei Spatzen und Mauerseglern).

Neubau: Will man bei einem Neubau das spontane Ansiedeln von Mehlschwalben ermöglichen, ist entscheidend, dass das Nestmaterial an den Fassaden haftet. Ein rauer, saugfähiger Zementputz (auch auf Wärmedämmung) schafft diese Voraussetzungen. Selbstverständlich müssen Orte mit feuchtem, lehmig-erdigem Baumaterial – wie Pfützen – vorhanden oder Alternativen bereitgestellt werden (siehe auch Kapitel «Rauchschwalbe»).

Setzt man mit Kunstnestern gleich eine gute Startvoraussetzung, dann sind für deren Platzierung die oben genannten Punkte zu beachten. Hervorzuheben ist dabei, dass viele Nester an der gleichen Fassade und/oder an einer zugewandten Fassade die Attraktivität des Standortes steigern.

Manchmal braucht es für die Neuansiedlung auch Glück. «Gewonnen» hat man, wenn eine Mehlschwalbe die neuen Angebote auswählt, hineinschlüpft und mit ihrem Gesang aus dem Nest heraus andere dazu bringt, zu ihr ins Nest zu kommen. Klangattrappen können die Ansiedlung unterstützen (siehe auch Kapitel «Neubau»).

Kunstnester in idealer Lage und Anordnung

Rauchschwalben

Rauchschwalben *(Hirundo rustica)* ließen sich vielerorts in Kuh- oder Pferdeställen nieder und sie erschlossen sich die Innenräume von Garagen, Autounterständen, Werkhallen und Waschküchen. In einigen Landstrichen finden sich ihre Nester auch unter weit ausladenden Vordächern und in langen Tordurchfahrten, Bootshäusern oder unter Terrassen von Seerestaurants.

So erkennt man sie
März bis September. Schwarz-weiße Vögel zwischen und über Häusern, über Wiesen und zwischen Bäumen. Spatzengroß und elegant. Mit durchgehend schwarzem Rücken, rötlich brauner Stirn und Kehle, hellem Bauch und zwei auffallend langen Schwanzspießen. Mäßig schnell fliegend. Meist in Gruppen. Plaudernder, lang anhaltender Gesang. (Verwechslungsgefahr mit Mehlschwalbe, siehe vorangehendes Kapitel.)

Ruhen und Schauen von einem Balkongeländer aus. Rauchschwalben sitzen auch recht oft auf Dachkanten oder Kabeln.

Haben Sie's gewusst?
Die Rauchschwalbe ist der Nationalvogel in Estland. Sie ist auch Teil des Firmenemblems der chinesischen Fluggesellschaft China Eastern Airlines und schmückt jede Heckflosse ihrer Flugzeuge. Was die Herkunft des Namens angeht, gibt es verschiedene Geschichten: In früheren Jahrhunderten flogen sie vielfach durch die Öffnungen im Giebel ein und aus, durch die auch der Rauch des Herdfeuers abzog. In einer anderen Variante rührt der Name daher, dass sie früher häufig in Schornsteinen und Rauchfängen brüteten.

Nachwuchs

Rauchschwalben brüten ihre Eier in halb offenen, schalenförmigen Nestern aus, deren Rand etwa 2–3 cm Abstand zur Raumdecke lässt. Die Nestschalen bestehen aus Lehmkügelchen, in die Stroh- und Grashalme eingearbeitet sind – eine Art Armierungseisenkonstruktion. Der Innenausbau besteht aus Federn, feiner Pflanzenwolle und Haaren.

Rauchschwalben brüten mit anderen Artgenossen gern im gleichen Raum, allerdings dürfen die Nachbarn nicht direkt ins eigene Nest schauen können. Die Nester werden daher möglichst in einer anderen Ecke – oder an der anderen Seite des Balkens – angebracht.

Das Füttern geht auch außerhalb des Nestes noch eine Zeit lang weiter und verlangt einiges an Balancegefühl.

Bindung an ein Haus: eng; Nistplatz, Anfang April bis August
Anwesenheit im Gebiet: Ende März bis September
Aktionsradius um Brutplatz während Brut und Aufzucht: 200–500 m
Nest: an Innenwand geklebt, ohne Kontakt zur Decke; 4–5 weiße grau-braun gefleckte Eier
Brutbeginn: ab Ende Mai, **Brutdauer:** 14–17 Tage, **Ausfliegen der Jungen:** nach weiteren 42–46 Tagen, **2 Bruten** pro Saison, Drittbrut möglich
Körperlänge: 17–21 cm, **Flügelspannweite:** 30–33 cm, **Gewicht:** 16–25 g

Anforderungen an einen (idealen) Nistplatz

- Ein Zugang ins Gebäudeinnere ist vom Frühling bis in den Herbst offen.
- Der Nistplatz liegt in einer eher dunklen Stelle des Raums.
- Das Nest ist leicht anfliegbar.
- Die Wand, an der die Nester gebaut werden, weist eine raue, saugfähige Oberfläche auf, damit das Nistmaterial haftet. Kleine Stützen, Leisten, dicke Nägel, Balken oder Mauervorsprünge – ca. 15–20 cm unter der Raumdecke montiert – können als Nestauflage dienen. Bei fehlendem Nistmaterial ist die Montage von Kunstnestern angezeigt.
- Die Distanz zum nächsten Nest mit Sichtkontakt beträgt mindestens 1 m.
- Der Nistplatz ist vor kletternden Raubtieren, zum Beispiel Katzen und Steinmardern, sicher.
- Der Raum ist warm (evtl. aufgrund von Stalltieren).
- Innerhalb von 500 m finden sich unversiegelte, erdige/lehmige, feuchte Stellen, an denen Nistmaterial gesammelt werden kann.
- Insektenreiche Lebensräume liegen in weniger als 500 m Distanz (Gewässer, Waldränder, Weiden usw.). Bei leichtem Regen jagen sie gern Insekten unter breiten Vordächern, breitkronigen Bäumen, unter den Bäumen von Obstgärten, aber auch Insekten im Innenraum.

Unterstützung durch Kunstnest und durch kurze Leiste (links) bzw. durch Brettchen (rechts)

Gutes Einvernehmen

Wo notwendig, hilft ein ca. 30 cm breites Brettchen gegen herabfallenden Kot, das rund 30–50 cm unterhalb des unteren Nestrandes angebracht wird.

Will man Rauchschwalben von bestimmten Stellen fernhalten, befestigt man dort eine Platte mit nicht saugfähigem Material und bietet gleichzeitig an geeigneten Stellen Kunstnester an.

So geht's – Starthilfen und Kunstnester

Erhalten und Erweitern: Rauchschwalben unterstützt man, indem ihre Nester erhalten und zugänglich bleiben. Hierzu muss von März bis September eine Zuflugöffnung von mindestens 20 ×15 cm dauernd offen stehen. Ein gekipptes Fenster reicht oft auch.

Montiert man ein Kunstnest, legt man zwei, drei Grashalme hinein. Dies suggeriert, dass das Nest schon einmal benutzt war, und lockt Rauchschwalben, es anzufliegen.

Stören sich die Rauchschwalben beim Ein- und Ausfliegen gegenseitig, hilft das Vergrößern der Öffnung oder das Anbieten einer zweiten Öffnung im Raum.

Gekippte Fenster für das Ein- und Ausfliegen

Auf dem Nest

Eine wichtige Unterstützungsmaßnahme betrifft den Nestbau. Der Mangel an geeignetem Material für den Nestbau scheint mancherorts hauptverantwortlich für den Rückgang der Rauchschwalben zu sein. Deshalb wässern Schwalbenfreunde trocken gefallene Pfützen oder schaffen Kunstpfützen. Dazu werden flache Wannen oder in Holzrahmen gelegte Folien (mindestens 1 × 1 m) mit einem Gemisch aus Lehm, Ton, Matsch und Wasser gefüllt und etwas Hunde- oder Pferdehaare bzw. Stroh- und Grasstücke zugegeben. Die künstlichen Pfützen werden von April bis Juni in der Nähe von Schwalbenkolonien aufgestellt und feucht gehalten. Damit sich keine Katzen ungesehen anschleichen können, ist eine Platzierung einige Meter von Hecken und Mäuerchen entfernt sinnvoll. Auch Flachdächer und Dächer von Carports, Fahrradunterständen oder kleine, flache Vordächer sind geeignete Standorte.

Sanierung: Rauchschwalben während der Brutzeiten temporär alternative Räume anzubieten, ist schwierig, auch wenn sie durchaus neugierig sind. Deshalb sollten Sanierungen möglichst außerhalb der Brutzeit zwischen Oktober und März ausgeführt werden. Die Kalkung von Ställen sollte bevorzugt im Herbst nach dem Wegflug der Schwalben vorgenommen werden. Ein Kontakt mit den Naturschutzfachbehörden ist in jedem Falle hilfreich.

Rauchschwalben sammeln neben Erde auch einzelne Grashalme, um ihre Nester zu armieren.

Neubau: Öffnungen anbringen, die von Frühling bis Herbst offen gehalten werden. Bei zu luftigen Ställen, beispielsweise Freilaufställen, zögern die Rauchschwalben mit der Besiedlung. Diese Räume sind ihnen zu offen, zu hell und zu zügig. Hilfreich ist hier in jedem Fall das Anbringen geeigneter Nistunterlagen oder von Kunstnestern, integriert in einen kleinen Bretterverbau, der vor dem Luftzug schützt. Eine Alternative könnte auch die Öffnung eines weniger zugigen Nebenraums sein, zumal dort auch keine Sperber Jagd auf die Schwalben machen können, was im Freilaufstall durchaus möglich ist.

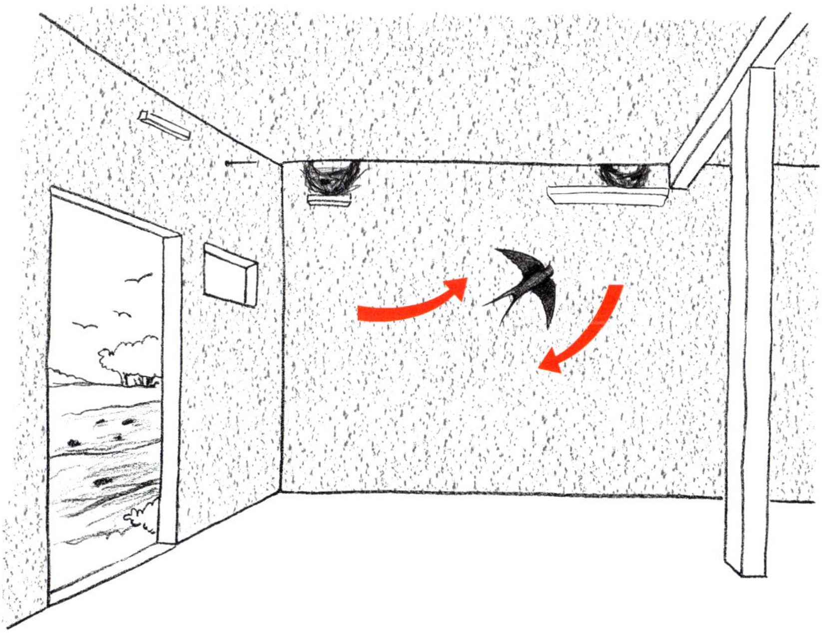

Weißstörche

Der Weißstorch *(Ciconia ciconia)* errichtete in unseren Breiten seinen Horst ursprünglich auf kräftigen Eichen, Eschen oder Schwarzpappeln in den Auen. Dann entdeckte er die Kamine der Dörfer. Nisten Weißstörche in einem Dorf, in einer Siedlung, so gehören sie zur Dorf-Gemeinschaft. Nicht wenige Menschen beobachten, wann das Brutgeschäft beginnt, wie viele Junge schlüpfen und wie sich diese entwickeln. Manche geben den Störchen sogar Namen. Ihre Nahrung (Kleintiere aller Art) finden die Tiere in Auen- und Flusslandschaften und auf nahe gelegenen Ackerflächen und Wiesen.

So erkennt man sie
Große weiße Vögel mit schwarzen Schwingen auf roten Stelzbeinen. Klappern mit den Schnäbeln. Im Flug: langer, nach vorne gestreckter Hals und weit über den Schwanz hinausragende Beine.

Mächtige Horste

Die imposanten Nester erreichen mit den Jahren Höhen von 1,5 m und können bis zu 2 Tonnen schwer werden. Entsprechend stabil muss die Unterkonstruktion sein.

Weißstörche leben gerne in Kolonien. Ist das Nachbarnest aber zu nah, gibt es Streit. Häuser mit mehreren Storchennestern sind im deutschsprachigen Raum sehr selten – ganz anders als in Polen, Spanien oder Portugal. Wird auf einem Nachbarhaus ein Horst angeboten, wird dieser durchaus angenommen.

Bindung an ein Haus/einen Mast: eng; Nistplatz, Mitte März bis September
Anwesenheit im Gebiet: Ende Februar bis September
Aktionsradius um Brutplatz während Brut und Aufzucht: 2–5 km (!)
Horst von letztem Jahr: 2–5 weiße Eier (1,5-mal so groß wie ein Hühnerei)
Brutbeginn: ca. Anfang April, **Schlüpfen:** ca. Mitte Mai/Anfang Juni, **Ausfliegen der Jungen:** August, **1 Brut pro Saison,** Ersatzbrut möglich
Sehr groß: Kopfhöhe ca. 80 cm, **Flügelspannweite:** 220 cm, **Gewicht:** 2,5–4,5 kg

Erholt

Die Weißstorchbestände in den 1970er- und 1980er-Jahren gingen in der westlichen Bundesrepublik Deutschland und in Österreich zurück. In der Schweiz verschwand die Art vollständig. In dieser Situation engagierten sich einzelne Menschen mit Storchenstationen für ihren Erhalt. (Im östlichen Mitteleuropa blieben die Bestände höher.)

Seit den 1990er-Jahren nehmen die Bestände im westlichen Mitteleuropa insgesamt wieder zu. Ein Grund dafür könnte sein, dass die Störche, die jeweils über Südspanien nach Afrika und zurück flogen (Weststörche), heute oft nur noch nach Südspanien fliegen, um dort zu überwintern: Die Reise wurde somit kürzer und weniger gefährlich.

Abflug vom Horst auf einem alten Kamin

Zwei Jungstörche betteln um Futter.

Störche sind sehr wachsam, um ihre Jungen zu schützen.

Paarleben

Landet ein Storch im gemeinsamen Horst, begrüßen sich die Partner stehend, klappern mit den Schnäbeln, werfen ihren Kopf nach hinten, schlagen ganz langsam mit ihren Schwingen. Nach mehrmaligen Wiederholungen gehen beide Tiere ihrer Beschäftigung nach, sei es brüten, Junge hudern oder einen mitgebrachten Ast einbauen.

Werbung, Begattung und Eiablage finden von März bis Anfang April statt. Zwischen der Ablage des ersten und des letzten Eis können 5–7 Tage vergehen. Das Brüten wird mit dem ersten Ei begonnen. Entsprechend schlüpfen die Jungen – anders als bei Nestflüchtern – nicht gleichzeitig.

Fast unersättlich

Frisch geschlüpfte Störche legen pro Tag bis zu 60 g an Gewicht zu. Später werden es bis zu 170 g pro Tag, wofür sie ca. 800–900 g Nahrung benötigen.

Weißstörche bringen ihren Jungen insbesondere Regenwürmer, Käfer und andere große Insekten, Insektenlarven, Spinnen, Frösche, Fische, Schlangen, Mäuse, ab und zu auch Maulwürfe, sogar Ratten und je nach Region Junghasen, Feldhamster und Kaninchen. Auch Aas und menschliche Nahrungsreste werden nicht verschmäht. Ist das Nahrungsangebot zu knapp, kann es vorkommen, dass Jungtiere von den Eltern aus dem Nest geworfen werden.

Feuchte Wiesen und Riede sind ideale Nahrungsgründe für Störche.

Anforderungen an einen (idealen) Nistplatz

- Stabiler Untergrund auf Baumhöhe (mindestens 10 m hoch), der Platz für das große Nest bietet (Durchmesser mindestens 1,5 m).
- An- und Abflug sind hindernisfrei.
- Die Plattform bietet Übersicht über Dorf und Landschaft.
- Im Umkreis von 2–5 km um den Horst liegen geeignete Nahrungsgründe: Mähwiesen, extensiv genutzte Weiden, Auen, periodisch überflutete Feuchtwiesen, Gräben, renaturierte Bäche, Weiher und Teiche.
- Baumaterial ist in nahe gelegenen Wäldern zu finden.

Gutes Einvernehmen

Störche spritzen ihren Kot einfach über den Nestrand. Ein Horst oder eine Horstplattform sollte daher nach Möglichkeit so angebracht sein, dass keine Sitzplätze oder Fahrzeuge bespritzt werden. Bei Horsten auf breiten Dächern besteht diese Gefahr nicht; die weiß getünchten Ziegel werden durch den Regen zwischen Herbst und Frühling wieder sauber.

Stürzen Jungstörche bei ihren ersten Flugversuchen ab, nimmt man Kontakt mit Weißstorchbetreuer:innen oder der Naturschutzbehörde auf.

Über den Herbst und Winter wäscht der Regen die weißen Kotspritzer wieder ab.

Haben Sie's gewusst?

Der Storchenhorst ist allen Wettern ausgesetzt. Nichts schützt ihn vor der prallen Sonne und heftigen Regengüssen. Gelegentlich stellen sich die Eltern deshalb als lebende Sonnenschirme vor die Sonne und breiten ihre Flügel über die Jungvögel aus. Doch je älter die Jungen werden, desto öfter sind sie allein im Nest. Sie haben aber eine interessante Art entwickelt, sich vor Überhitzung zu schützen: Sie bekoten (bekalken) ihre dunklen Beine. Diese werden weiß und dadurch wird die Beinhaut nicht so heiß. Auch kann die Verdunstung des Wassers aus dem Kot die Beine kühlen. Zudem hecheln die Jungtiere durch den offenen Schnabel. Bei großer Hitze bringen Altvögel gelegentlich auch Wasser; das lassen sie dann über die Schnabelspitze in einem dünnen Wasserstrahl in die Schnäbel ihrer Jungen laufen.

Horst auf einem Schornstein

So geht's – Horstplattformen für Weißstörche

Erhalten: Störche bauen jedes Jahr an ihren Horsten. Diese wachsen und werden immer schwerer. Gelegentlich müssen sie deshalb wieder abgetragen werden und mit einer neuen Grundplattform ausgestattet werden. In den meisten Dörfern und Gemeinden haben sich Storchenbetreuer:innen organisiert, die solche Arbeiten durchführen oder organisieren.

Sanierungen: Fällt die Sanierung eines Kamins oder Hausdachs in eine Brutsaison, wird – in Zusammenarbeit mit einer Naturschutzbehörde – die Möglichkeit eines Ausweichhorstes geprüft (siehe auch Kapitel «Während der Sanierung»).

Neubau: Um Störchen eine Nistmöglichkeit zu bieten, kann eine Plattform auf einem Dachgiebel, einem Schornstein, einer Stange, einem Turm geschaffen werden. Dabei sind die folgenden Grundwerte zu berücksichtigen (konkrete Beratung können die regionalen Storchenbetreuer:innen geben):

- Der Mindestdurchmesser beträgt 1,5 m.
- Die Plattform bietet große Stabilität und Tragfähigkeit (2–3 t), eine Zusammenarbeit mit Handwerkern (evtl. Feuerwehr) ist unabdingbar.
- Wettertaugliche, möglichst nicht rostende Materialien reduzieren den Unterhaltsaufwand.
- Die Plattform sollte wasserdurchlässig sein, damit sich keine Staunässe bildet, die Fäulnis und/oder Pflanzenwuchs bewirken könnte.

- Eventuell baut man einen kleinen Rand und bringt Holzwolle, Häcksel, Stroh und Heu (abgesamt) ein.
- Astauflagen (stärkere Äste unten, feinere oben) am besten mit Draht befestigen.
- Zur Anlockung helfen (Birken-)Reisig im Nest und Kotspuren (diese können mit Kalkwasser oder weißer, wasserlöslicher Farbe imitiert werden).
- Der Horst ist mit Leitern oder vom Dach aus erreichbar (für Reparaturen).

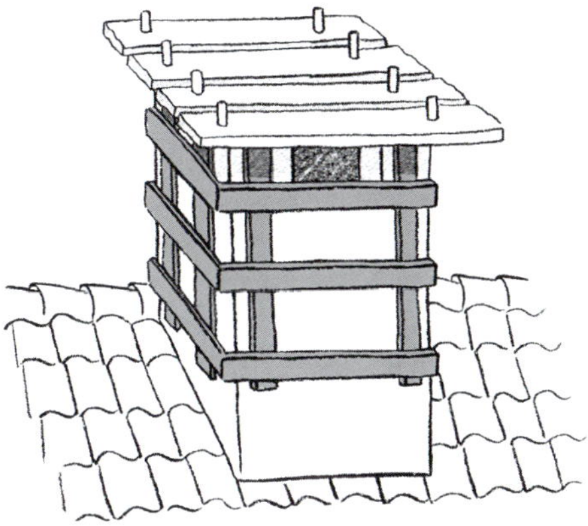

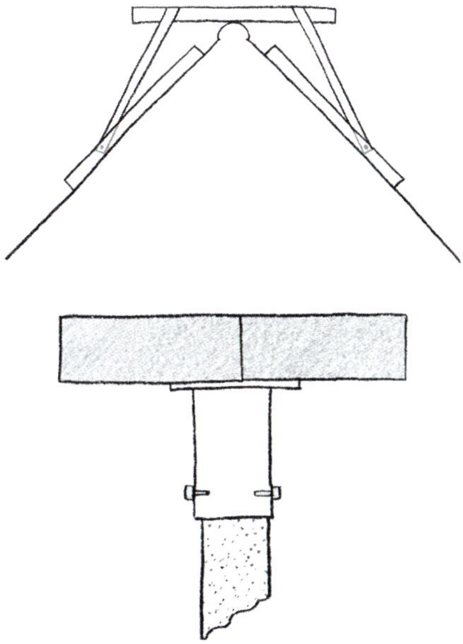

Bereit für Astauflagen und dann für die Störche

Waldkauz

Eulen

Von den Eulen sind die Schleiereulen als Dachstock- und Turmbewohner bekannt, doch auch Wald- und Steinkauz sowie Uhu brüten manchmal in Gebäuden. Den Waldkauz finden wir im urbanen Umfeld in der Nähe von Waldrändern an Gebäuden, während der Steinkauz im ländlichen Gebiet kleine Gebäude am Dorfrand oder im Kulturland bewohnt.

Die Schleiereule *(Tyto alba)* brütet regelmäßig frei in Gebäuden, hier vor allem in Dachstöcken, Türmen, Transformatorenhäusern, Scheunen, Vieh- und Maschinenunterständen, Ställen und leeren Taubenschlägen. Schleiereulen nehmen bereitgestellte Nistkästen gerne an. Ein zugänglicher Dachstock bietet der Schleiereule nicht nur Nistmöglichkeit, sondern auch Ruhe- und Jagdplätze (Mäuse im Gebäude, auch Fledermäuse).

Der Waldkauz *(Stryx aluco)* – die häufigste der hier genannten Eulenarten – brütet oft in Baumhöhlen, manchmal aber auch in Schornsteinen, Türmen, Dachstöcken, Mauernischen oder leeren Taubenschlägen.

Der Steinkauz *(Athene noctua)* bewohnt neben Baumhöhlen und Nistkästen in ländlichen Gebieten oft kleinere Landwirtschaftsgebäude. Besonders im Winter, aber auch für flügge Jungvögel, sind frei zugängliche und ungestörte Innenräume derartiger Gebäude äußerst wichtig. Hier können sie Mäuse jagen, auch wenn draußen Schnee liegt. Leider sind seine Bestände in vielen Gegenden sehr zurückgegangen.

So erkennt man sie
Eulen allgemein: Tagsüber oft unbeweglich, auf einem Gebäude oder nah beim Stamm eines Baumes auf Ästen sitzend. Gut getarnt durch ihr Federkleid. In der Silhouette nur ein runder Kopf, aber kein Schnabel sichtbar. Aufgescheucht lautlos wegfliegend. Such- und Jagdflüge mit weit gespannten Flügeln 2–3 m über Boden gleitend.

Waldkauz im Tagesversteck

Spektakulär sind Uhus *(Bubo bubo)*, die sich in Städten auf Kirchtürmen oder Flachdächern zum Brüten niedergelassen haben. Das ist selten, scheint aber zuzunehmen. Hier jagen sie Tauben, Ratten und Krähen usw.

Lautlose Jäger

Wer in der Nacht jagt, muss leise sein, denn die Gejagten haben alle gute Ohren. Den Eulen gelingt dies sehr gut: Ihre Federn fühlen sich samtig an und sind an den Rändern ganz leicht ausgefranst. Dadurch entstehen beim Flug nur geringe Luftturbulenzen, sodass sie fast lautlos durch die Nacht gleiten können.

Eulen jagen viele andere nachtaktive Tiere. Sie sind damit in der Vogelwelt fast ohne Konkurrenz. Hauptnahrung sind meist Mäuse, je nach Art manchmal aber auch Insekten oder Amphibien. Auch Igel, Eichhörnchen und junge Hasen oder Kaninchen, Tauben, Kleinvögel, Fledermäuse und Jungfüchse können geschlagen werden. Große Eulen jagen auch kleine Eulenarten und mittelkleine Vogelarten.

Steinkauz in einem Obstgarten

Hochspezialisierte Ohren und Augen

Schleiereule

Eulen haben sehr große, nach vorn gerichtete, lichtstarke Augen, die ihnen das Sehen in großer Dunkelheit ermöglichen. Zudem können sie den Kopf um bis zu 270 Grad drehen. Möglich wird das, weil sie als einzige Wirbeltiere 14 statt 7 Halswirbel haben.

Auch ihr Gehör ist extrem gut ausgebildet. Die schlitzförmigen Ohrenöffnungen liegen am äußeren Rand des Gesichtsschleiers. Die Anordnung der Gesichtsfedern wirkt wie eine Ohrmuschel, sie leiten die Töne optimal zu den Ohröffnungen. Diese liegen zudem nicht auf gleicher Höhe, sondern asymmetrisch – damit ist es der Eule möglich, Geräusche sehr genau zu orten und raschelnde Mäuse im Laub gezielt zu fassen.

Bindung an ein Haus: lose bis eng (je nach Art); Nistplatz, während Brut und Aufzucht
Anwesenheit im Gebiet: ganzjährig
Aktionsradius um Brutplatz während Brut und Aufzucht: 3 bis viele km
ohne eigentlichen Nestbau: 4–6 (Schleiereulen bis 11) runde, weiße Eier
Brutbeginn: März/April (Waldkauz z. T. schon Januar), **Schlüpfen:** ca. 30 Tage nach Brutbeginn, **Ausfliegen der Jungtiere:** artspezifisch nach 2–4 Monaten, **1 bis teilweise 2 Bruten** pro Saison
Körperlänge: 22 cm (Steinkauz) bis 75 cm (Uhu), **Flügelspannweite:** 55 cm (Steinkauz) bis 170 cm (Uhu), **Gewicht:** ca. 150 g (Steinkauz) bis 4000 g (Uhu)

Nest und Nestlinge

Eulen bauen kein Nest. Sie suchen sichere Brutplätze in Baumhöhlen, Felsnischen oder Gebäuden, Nistkästen und in einfachen Bodenmulden. Die Eier werden im Abstand von zwei Tagen gelegt und meist bereits ab dem ersten Ei bebrütet. Deshalb schlüpfen die Jungvögel nacheinander. Der Altersunterschied zwischen dem ältesten und dem jüngsten Nestling kann mehr als zwei Wochen betragen. Stehen sie im Nest beieinander, wirken sie wie Orgelpfeifen.

Zu Beginn bringt nur das Männchen Futter und das Weibchen verfüttert es an die Jungen. Bei der Fütterung bekommt der älteste Nestling den ersten Happen, danach wird der zweitälteste, zuletzt – und nur, wenn genug Beute vorhanden ist – der jüngste gefüttert. Damit stellen die Euleneltern sicher, dass mindestens ein Nestling überlebt.

Die Jungvögel der meisten Eulenarten verlassen das Nest, bevor sie flügge sind. Nach einer Bodenlandung klettern sie mithilfe von Schnabel und Krallen auf Bäume und Sträucher. Hier betteln sie weiter nach Nahrung und werden von den Eltern noch einige Wochen weiter gefüttert, bevor sie selbstständig werden. Keinesfalls sollten unverletzte «Ästlinge» «gerettet» und mitgenommen werden.

Anforderungen an einen (idealen) Nistplatz für Schleiereulen

- Die wetterfesten Nischen und Höhlen haben einen Durchmesser von ca. 40–50 cm.
- In der Nische ist es halbdunkel bis dunkel.
- In der Nischenmulde liegt etwas loses Material, damit die runden Eier nicht wegrollen können. In neuen Nistkästen bedeckt man den Boden mit Holz- oder Rindenhäcksel.
- An- und Abflugbahn sind hindernisfrei.
- Die Nische ist für Steinmarder und Katzen nicht erreichbar.
- In der Umgebung leben viele Mäuse und Kleinvögel.

Gutes Einvernehmen

Eulen helfen, Mäusepopulationen in Schach zu halten. Sie sind lautlos und stören daher kaum. Aber sie können einen Dachboden mit Kot und Gewöllen verschmutzen. Um dies bei Schleiereulen zu verhindern, kann hinter dem Einschlupf in den Dachstock ein Nistkasten von innen an die Wand montiert werden. Eine andere Lösung wäre, einen Teil des Dachstocks in Form einer Eulenstube den Eulen zu überlassen. Bei frei liegenden Nestern breitet man eine Kunststofffolie unter Nistplätzen und Sitzplätzen aus, die leicht zu reinigen ist.

So geht's

Erhalten und Erweitern: Wer Eulen in oder an seinem Haus brüten hat, leistet einen großen Beitrag für deren Erhalt. Um das Eulenpaar stärker an den Ort zu binden, können in der Nähe zweite und dritte Eulennistkästen montiert werden. Diese werden als Übertagungsplätze genutzt. Am besten nimmt man mit einer Fachperson Kontakt auf, da gegebenenfalls je nach Eulenart unterschiedliche Nistkästen, andere Positionen an Gebäuden oder andere Einflugöffnungen zu wählen sind.

Sanieren: Werden Häuser, Dachstöcke oder Fassaden mit Eulennistplätzen saniert, bespricht man mit der Naturschutzbehörde die Maßnahmen. Fällt die Sanierung in die Brutzeit, kann eventuell mit einem Ausweichnistkasten in unmittelbarer Umgebung ausgeholfen werden. Dieser muss schon im Spätherbst angeboten werden, da die Eulenmännchen dann mit der Nistplatzsuche beginnen.

Neubau: Werden Wohn(neben)gebäude, Scheunen oder Gewerbebauten neu gebaut, kann an einer hochliegenden Stelle ein Eulenkasten eingebaut werden. Es empfiehlt sich, mit einer Fachperson Kontakt aufzunehmen.

Für Schleiereulen reicht ein kleiner Zugang zum Nistplatz von ca. 12 × 15 cm auf einer wetterabgewandten Hausseite. Der Zugang liegt mindestens 80 cm unterhalb des Giebels/Dachrandes, sodass keine Marder eindringen können. Die Öffnung führt frei in einen Dachraum oder in einen Nistkasten, der an der Innenseite montiert ist. Erfolge lassen sich damit vor allem dort erzielen, wo ein ausreichendes Nahrungsangebot (Mäuse) vorhanden ist.

Schleiereulen-Nistkasten: Der Nistkasten für Schleiereulen besteht aus einer recht großen Holzkiste mit einer internen Trennwand, die den Lichteinfall in die hintersten Ecken stark reduziert. (Anleitungen zum Bau von Nistkästen für Schleiereulen und andere Eulen werden im Internet angeboten.) Wichtig ist, den Boden der Nistkammer ca. 3 cm hoch mit Holzschnitzeln, trockenen Blättern oder Sägemehl zu bedecken. Es ist hilfreich, wenn der Kasten erreichbar ist, gelegentlich gesäubert und mit frischer Einstreu versehen werden kann.

Haben Sie's gewusst?
Der Winter ist auch für Eulen eine Herausforderung. Die Nahrung ist knapp und teilweise unter einer Schneedecke versteckt. Deshalb sollte man ihnen dann den Zugang zu Dachstöcken und Scheunen ermöglichen, damit sie dort nach Mäusen jagen können. Der Waldkauz kann auch durch Rüttelflug Kleinvögel wie Sperlinge usw. aufscheuchen. So hat er mehr Chancen, einen sich versteckenden Sperling doch noch zu erwischen.

Nistkasten (links für Schleiereulen) müssen zur Kontrolle und Beringung geöffnet werden können.

Ausschließen anderer Vogelarten und von Feinden: Tauben und Dohlen nutzen den Schleiereulen-Brutplatz eher nicht, wenn zwischen Einflugöffnung und Nistkasten ein Tunnel (18 cm hoch, 13 cm breit, 20–40 cm lang) montiert wird. Gibt es Streit mit Turmfalken, bietet man auf einer anderen Fassade einen zweiten Kasten an. Vor der Einflugöffnung dürfen weder Sitzstange noch Sitzbrett montiert werden, das erschwert Marder und Katze den Zugang.

Nutzen Fledermäuse den Dachstock, dürfen die Eulen nicht ins Gebäude gelangen können. Dann kann ein Nistkasten, der nur nach draußen eine Öffnung hat, angebracht werden. Es ist aber sinnvoll, sich bei Fledermaus-Fachpersonen rückzuversichern.

Straßentauben

Straßentauben nutzen Hausdächer, -fassaden, Balkone, Dachstühle, Tiefgaragen, Bahnhofshallen, U-Bahn-Stationen und sind damit in der Stadt allgegenwärtig. Der Grund dafür liegt darin, dass die Straßentauben Nachkommen von Tauben sind, die ihre menschliche Obhut verloren haben. Menschen und Tauben haben eine lange gemeinsame Geschichte. Die Taube gilt als erste Vogelart, die der Mensch vor mehr als 7000 Jahren domestizierte: Durch den Getreideanbau war es den Menschen möglich, Tauben anzufüttern und als Brutvögel zu halten. So gelangte man zu nahrhaften Taubeneiern, zartem Taubenfleisch und Taubenkot als Dünger. Indem man den Tauben Nistplätze anbot, die für Menschen gut erreichbar waren, konnten die Produkte bequem geerntet werden. Zudem konnte man diejenigen Tauben fördern, die häufiger brüteten.

So erkennt man sie
Gedrungener Körper und kräftige Schwingen. Kleiner Kopf mit schlankem Schnabel, der beim Schreiten vor- und zurückwippt. Beim Auffliegen klatschen die Flügel oft laut zusammen. Schneller Flug mit kräftigem Flügelschlag, Gleitflug ebenfalls schnell, teilweise akrobatischer Sturzflug vor dem Landen. An Futterplätzen oft in großen Schwärmen.

Schönheit, Flugakrobatik, Orientierungsvermögen

Bald stachen die Schönheit und die faszinierenden Fähigkeiten dieser Tiere ins Auge. Die Taubenzucht brachte ganz unterschiedliche Rassen hervor. Aufgrund ihres unglaublichen Heimfindevermögens wurden Brieftauben im Militär lange Zeit zur Übermittlung kurzer Mitteilungen gehalten. Tauben wurden auch für spezifische Flugwettbewerbe gezüchtet: So gibt es heute noch Hochflug-, Kunstflug- oder Weitflugtauben in Hunderten verschiedenen Rassen.

Während der beiden Weltkriege konnten viele Taubenliebhaber:innen ihre Tauben nicht mehr betreuen und zahlreiche Taubenschläge wurden zerstört. Die Tauben kamen frei und wurden zu Straßentauben. Meist blieben sie in den Dörfern und Städten und versuchten zurechtzukommen. Aus diesem Grund werden die heutigen Straßentauben nicht als Wildtiere, sondern als entflohene Zucht- bzw. Nutztiere betrachtet.

Besser als ihr Ruf

Straßentauben haben den Ruf, Krankheiten zu übertragen und Baumaterialien durch ihren Kot zu zersetzen. Beides jedoch wurde durch wissenschaftliche Studien stark relativiert. Straßentauben tragen zwar, wie viele andere Vogelarten auch, meist Parasiten und Krankheitserreger mit sich, eine Übertragung auf den Menschen ist aber nur bei intensivem Kontakt möglich. Die Infektions- und Befallsrisiken für Passanten sind deshalb sehr gering. An ihren Brut- und Schlafplätzen und dort, wo sie in großer Zahl auftreten, kann es allerdings zu Verschmutzungen kommen, die optisch und hygienisch sehr störend werden.

Vom Schwarmleben zum Nestrevier

Straßentauben leben bevorzugt im Schwarm. Viele Augen und Ohren sind besser als nur zwei. So fliegen sie bei Gefahr früher auf, und viele fliegende Vögel irritieren den Angreifer, er kann sich schwieriger auf ein Individuum konzentrieren. Dank gemeinsamer Futtersuche finden sie schneller gute Futterplätze.

Für das Brüten bevorzugen die Paare allerdings eine eigene Nische. Hier verteidigen Männchen ein sogenanntes Nestrevier. Die Nische, der Winkel oder der Dachbalken liegen meist im Dunkeln. Als Suchbild für einen möglichen Brutplatz dient den Tauben

Gemeinsames Fressen von Sämereien auf einem Parkrasen. Merkmale von ehemaligen Zuchtformen sind immer wieder erkennbar.

Schwarm im Anflug

meist eine dunkle Öffnung. Das Nest bzw. die Brutmulde ist sehr bescheiden. Neben Halmen und Zweigen tragen sie alles Mögliche und Nahliegende herbei: Plastik, Drähte, Nägel. Oft spezialisieren sie sich dabei auf ein Hauptnestmaterial: zum Beispiel Halme, rostige Nägel, Föhrennadeln, Kabelbinder oder Blätter. Meist ist das Nest in kurzer Zeit stark verkotet.

Taubennest auf einer Baustelle, mit eingearbeiteten Kabelbindern.

Vatermilch und Schachtelbrut

In den ersten Tagen werden die Jungen von beiden Eltern ausschließlich mit «Kropfmilch» ernährt. «Kropfmilch» ist das Sekret aus einer speziellen Drüse im Kropf. Erwachsene Tauben benutzen den Kropf auch zur Zwischenlagerung von Nahrung.

Nach einer Woche erhalten die Nestlinge vorverdaute Körner, die im sehr muskulösen Magen der Eltern mithilfe zusätzlich aufgenommener Kieselsteinchen zerkleinert wurden. Die flüggen Jungtauben folgen dem Männchen noch einige Zeit auf der Nahrungssuche.

Das Weibchen brütet unterdessen oft schon das nächste Gelege aus. Dank dieser sogenannten Schachtelbrut kann ein Taubenpaar mehrmals (2- bis 4-mal oder mehr) pro Jahr brüten und jährlich 6–12 Junge aufziehen. Die Jungensterblichkeit beträgt je nach Populationsdichte zwischen 25 Prozent und hohen 80 Prozent.

Bindung an ein bestimmtes Haus: eng; Nistplatz, vor allem Mai bis Juli
Anwesenheit im Gebiet: ganzjährig
Aktionsradius um Brutplatz während Brut und Aufzucht: bis 1–2 km
Karges Nest, 2 weiße Eier pro Brut, **Brutbeginn:** außer während der Mauser (Sept.–Nov.) immer möglich, vor allem im Frühling und Sommer, **Ausfliegen der Jungen:** nach 3–4 Wochen, bei genügend Nahrung 2–4 Bruten (max. 8) pro Jahr
Körperlänge: 31–34 cm, **Flügelspannweite:** ca. 60 cm, **Gewicht:** 300–350 g

Haben Sie's gewusst?

Wussten Sie, dass

- Straßentauben heute in allen größeren Städten der Welt vorkommen?
- der weltweite Bestand auf 500 Millionen Individuen geschätzt wird?
- das Federkleid einer Straßentaube aus ca. 10 000 Federn besteht?
- Tauben Wasser saugen können – im Gegensatz zu anderen Vogelarten?
- Tauben senkrecht nach oben starten können?

Gutes Einvernehmen

Straßentauben sind faszinierend und gehören in unsere Städte genauso wie in ländliche Ortschaften. Mancherorts gibt es lokal aber zu viele und zu viele kranke und verletzte Individuen. Tauben schlägt oft Hass oder umgekehrt viel Zuneigung entgegen. Eine hohe Taubendichte führt schnell zu Verschmutzungen und Störungen.

Ein Taubenmanagement zu etablieren, das zu einer kleineren Taubendichte führt, ist jedoch komplex. Die Akteure sind sehr unterschiedlich und nicht einfach miteinander zu verbinden, zu koordinieren und anzuleiten: Da sind zum Beispiel private und öffentliche Besitzer:innen von Häusern, deren Fassaden verschmutzt werden oder in deren Häusern Tauben brüten. Da sind Menschen, die sich von bettelnden Tauben gestört fühlen. Oder Menschen, die ihre Essensreste auf öffentlichen Plätzen entsorgen. Oder aber Menschen, die sich um Tauben mit artgerechtem Futter kümmern. Und da sind Menschen, denen der tägliche Kontakt mit ihren Tauben die Einsamkeit erleichtert.

Weniger und gesündere Straßentauben: Um die Population der Straßentauben insgesamt zu reduzieren, bietet es sich in erster Linie an, die Anzahl der Bruten zu vermindern. Um deren Gesundheit zu fördern, ist das Füttern mit Lebensmitteln zu reduzieren und sind alle risikoreichen Vergrämungsmaßnahmen zu ersetzen (offene, flatternde Netze, scharfe Spikes usw.). Um Brennpunkte zu entschärfen, sind die Futterangebote an solchen Stellen möglichst einzustellen. Und damit Bauwerke bzw. Passanten weniger Kot abbekommen, können tierschutzgerechte Abwehrmaßnahmen von Fachpersonen korrekt montiert und gewartet werden.

Versuche mit betreuten Taubenschlägen: Viele Städte versuchen es mit einem Taubenmanagement (zum Beispiel bei Stadttauben-Projekten in Stuttgart, Augsburg, Wien, Bern, Luzern), unter anderem mit betreuten Taubenschlägen. An Brennpunktplätzen können diese in Kombination mit weiteren Maßnahmen (Reduktion des Futterangebotes) und viel Öffentlichkeitsarbeit Entlastung bringen. Der Ansatz orientiert sich dabei am Verhalten der Straßentauben: Diese suchen Taubenschläge gern auf, die Tauben können darin ruhen, finden artgerechtes Futter und können – ebenfalls artgerecht – in Regalsystemen brüten.

Zugang zum Taubenschlag

Blick aus dem Taubenkogel

Strukturierung des Taubenkogels mit Brut- und Ruhenischen, die über- und nebeneinander angeordnet sind. Sitzmöglichkeiten mit Kotschutz (grüne Brettchen) für unterhalb sitzende Tauben

Der Nutzen besteht zudem darin, dass Tauben bis zu 80 Prozent ihres Kotes im Taubenschlag abgeben, dass ihre Gesundheit gefördert wird, dass ihre Eier durch Kunsteier ausgetauscht werden können und so die Anzahl der Nachkommen kontrolliert werden kann. Zudem können erkrankte und verletzte Tiere im Taubenschlag eingefangen und betreut werden.

Um ein lokales Taubenmanagement auf den Weg zu bringen, müssen sich viele Partner:innen gemeinsam an die Arbeit machen – von der lokalen Analyse über die Kontaktaufnahme mit den Besitzer:innen von Gebäuden mit Taubennistplätzen und die Suche nach dem geeigneten Standort bis hin zur geeigneten Information der Bevölkerung, der langfristigen Finanzierung und einigem mehr.

Gefahr für andere Arten – horizontale Netze: Bei Abwehrsystemen ist darauf zu achten, dass keine geschützten Arten von ihren Nestern und Quartieren ferngehalten oder eingeschlossen werden (zum Beispiel Mauersegler, Fledermäuse). Bei einem horizontal über einen Innenhof gespannten Taubennetz beispielsweise können Fledermäuse zwar von oben durch die Maschen in den Innenhof gelangen, aber von unten nicht wieder hinausfliegen. Netze gegen Straßentauben sind fledermauskompatibel, wenn sie vertikal oder bis maximal 45 Grad geneigt angebracht werden.

So geht's

Verbessern der Gesundheit

Reduktion von Gefahrenquellen: Netze können Tauben den Zugang zu Fassadenteilen oder Brückenuntersichten usw. verwehren. Dies gelingt, wenn die Netze zu jeder Zeit gut gespannt und in tadellosem Zustand sind. Sobald irgendwo ein Loch einreißt oder sich eine Verankerung löst, wird das Netz zu einer großen Gefahr und Tauben können sich schwer verletzen oder sogar sterben. Sichtbar wird dies oft an Taubenfüßen: Da fehlt eine Zehe, dort steht eine Taube auf einem Klumpfuß …

Von der Montage von Spikes wird abgeraten, da sie für andere Tierarten, zum Beispiel Fledermäuse, gefährlich sein können und Schmutz darin hängen bleibt.

Tierschutz gewährleisten: Taubenabwehrsysteme müssen den Anforderungen des Tierschutzgesetzes genügen. Explizit nicht verwendet werden dürfen Abwehrsysteme mit scharfen Nadeln, Spitzen oder Kanten, Elektrosysteme mit hohen Spannungen, Vergrämungspasten (Kontaktrepellents, die das Gefieder von Vögeln irreversibel verschmutzen) sowie reizende und ätzende chemische Substanzen.

Artgerechtes Futter: Das viele und falsche Füttern von Tauben führt zu Problemen. Brot, Teigwaren, gekochte Speisen machen Tauben krank (zum Beispiel zuckerkrank) und führen zu Durchfall. Dieser Kot wird schmierig und klebt an den Fassaden – im Gegensatz zu Kot von richtig gefütterten Tauben. Artgerechtes und sehr zurückhaltendes Füttern kann zur Gesundheit der Tauben beitragen (Körner,

Netze müssen stark gespannt bleiben.

Losgerissen nach Verhedderung in einem Netz: Verstümmelte Taubenfüße sind nicht selten.

Spanndrähte verletzen keine Tauben.

Der Kampf um das Brot, das die Tauben erkranken lässt.

Sämereien wie Weizen, Hafer, Mais, Roggen usw.). Zudem sollte es nur wenig Futter sein, sodass es in wenigen Minuten aufgefressen ist. Fliegen Straßentauben auf Felder und Wiesen im Umland, ist die artgemäße Fütterung gegeben. Hier kann auf zusätzliches Füttern verzichtet werden.

Kabelkanäle kompakt eingepackt: Brüten ist nicht möglich.

Reduktion der Nistplätze: Kabelkanäle, die bis an die Raumdecke in Kästen oder Gitterbleche gelegt, und T-Träger, die verblendet werden, bieten keine Nestunterlagen. Wichtig ist, dass Taubenabwehrsysteme fachgerecht montiert werden. Andernfalls besteht die Gefahr, dass Tauben die Abwehrsysteme überwinden und dahinter besonders gut geschützte Brut- und Schlafplätze finden. So werden Abwehrsysteme ungewollt zu Schutzsystemen.

Selektives Aussperren von Straßentauben: Einige Fledermausarten fliegen durch große Öffnungen in den Dachstock. Nisten sich unerwünschterweise Tauben ein, gibt es verschiedene Möglichkeiten zum selektiven Aussperren von Tauben, zum Beispiel: wackliges Gitter, versetzte Bretter, schlitzförmige Einflugöffnungen und andere. In diesen Fällen sind jedoch unbedingt Fledermaus-Fachpersonen hinzuzuziehen.

Abendliches Verjagen: Richten sich Tauben auf einem Balkon ein, stört man sie möglichst von Anfang an. Sie werden aber nicht so schnell aufgeben. Besonders wirksam ist das Verjagen nach Einbruch der Dunkelheit, wenn sich die Tauben zum Schlafen einrichten.

Geschickte Techniken

Bauliche Maßnahmen: Straßentauben können sich auf glatten Oberflächen, die steiler als 45 Grad sind, kaum halten. Entsprechend ausgestattete (verblechte) Gesimse werden somit nur von sehr wenigen Tauben genutzt. Auch schmale Gesimse mit weniger als 6 cm Tiefe werden seltener angeflogen.

Bauliche Maßnahme verhindert, dass sich Tauben hinsetzen können: links schräge Gesimse, rechts architektonisch ästhetische Lösung mit dunklen Keilen auf freien Ecken.

Es geht ohne Spikes und Drähte: in Glas-Gitter-Überdachung bzw. verkleidetes Dach eingelassene Leuchte.

Bei Regenwasserfallrohren sind die Gliederbögen («Schwanenhälse») unter dem Vordach ein kritischer Punkt, denn sie sind beliebte Sitz- und Schlafplätze für Straßentauben. Oft gibt es aber in diesen Bereichen im Vordach kleine Öffnungen, die von Fledermäusen angeflogen werden. Statt die risikoreichen Spikes zu verwenden, empfiehlt es sich, Gliederbögen zu montieren, die 45 Grad oder steiler abfallen, sodass Tauben abrutschen.

Will man Einflugöffnungen verschließen, unbedingt darauf achten, dass keine Tiere eingeschlossen werden.

Kontaktabwehr: Insbesondere Kontaktabwehrsysteme, die den Tauben auf Gesimsen oder anderen Sitzplätzen den Platz versperren oder das Sitzen unangenehm machen, haben sich als wirksam erwiesen. Sie dürfen die Tiere aber auf keinen Fall verletzen. Wichtig sind fachmännische Beratung und Montage, regelmäßige Kontrollen und regelmäßiger Unterhalt. Tauben von einem bereits genutzten Brutplatz zu vergrämen, kann mehrere Jahre dauern, denn sie sind ihren Brutplätzen sehr treu.

Weniger hilfreich

Ansiedeln von Greifvögeln: Falken und Sperber greifen sich gelegentlich Tauben. Von ihnen geht eine gewisse Beunruhigung aus, sodass zum Beispiel ein Schwarm Tauben von einer Dachkante auffliegt, um sich dann gleich wieder dort niederzusetzen. Eine Wirkung kann lokal vorhanden sein, ist insgesamt aber eher bescheiden.

Vogelattrappen: Auch Krähen- und Uhu-Attrappen wirken meist nur lokal und nur kurzzeitig, die Tauben gewöhnen sich normalerweise innerhalb weniger Tage daran.

Taube mit Krähen-Attrappe

Auch akustische Abwehrsysteme (Schreckrufe, Angstschreie und Ähnliches), Magnetpulssysteme, Magnet- und Geruchabwehrsysteme (chemische Repellents) haben sich als langfristig unwirksam erwiesen. Ultraschallsysteme können zudem von Babys, Kleinkindern und Haustieren schmerzhaft gehört werden, sodass auf solche Geräte verzichtet werden sollte.

Straßentauben auf Baustellen

Sanierung: Besiedeln Straßentauben Baustellen, beunruhigt man die Vögel möglichst oft und räumt alles sofort ab, was wie Nestbau aussieht. Denn wenn die Tauben auf der Baustelle brüten, werden sie es auch beim fertiggestellten Gebäude versuchen.

Füttern Tauben bereits Nestlinge, sind diese geschützt und dürfen nicht gestört werden. In diesen Fällen kontaktiert man Tierschutzorganisationen, die Jungtiere abholen, oder man wartet das Flüggewerden der Nestlinge ab (max. 4 Wochen). Siehe dazu auch Kapitel «Während der Sanierung».

Neubau: Wer Gebäude an innerstädtischen Plätzen, Bahnhöfen, U-Bahn-Stationen und andere Bauwerke mit Taubenpräsenz plant, ist sehr gut beraten, eine entsprechend ausgebildete Fachperson ins Planungsteam und in die Baubegleitung zu holen. Ebenso, wenn in der Nähe oben genannter Bereiche in Innenhöfen Balkone und Terrassen angebracht werden. Dann gelingt es, Fassaden und Tragkonstruktionen so zu gestalten, dass es für Tauben schwieriger wird, sich niederzulassen oder ein Nest zu bauen. Gleichzeitig können Nischen und Einschlüpfe für andere tierische Gebäudebewohner eingeplant werden.

Taubenmanagement nach Taubeneinzug in Rohbau: Die leere rechte Nische verschließen, das Flüggewerden der Jungen abwarten, dann auch die linke Nische verschließen.

Dohlen

Dohlennistplätze befinden sich an Gebäuden meist weit oben und sind sehr vielgestaltig. Sie können in Nischen, Kaminen, Vordächern (Traufkästen), Nistkästen oder in der Fassadendämmung liegen. Manche Nistplätze sind von außen klar erkennbar, andere kaum. Entscheidend ist ein dunkler, zugluftfreier Nistplatz.

Selten nisten Dohlen auch in großen Dachräumen. Dorthin gelangen sie durch Lüftungsöffnungen, Gerüstlöcher oder ähnliche Zugänge. Im Inneren nisten sie in Winkeln, auf Balken oder in Mauernischen.

Weniger bekannt sind Bruten von Dohlen in Wäldern. Dort nisten sie in Baumhöhlen, beispielsweise in Schwarzspecht- oder Fäulnishöhlen.

Die Dohle nutzt einen Weidezaunpflock als Aussichtswarte.

So erkennt man sie
Schwarzes Gefieder mit silbrig grauem Nacken und silbernen bis hellblauen Augen. Meist paarweise innerhalb von Gruppen. Schreiten am Boden (nicht hüpfend wie Amseln). Geschickte und wendige Flieger. Der Ruf ist ein scharfes «kjak». Männchen und Weibchen sehen gleich aus.

Lebenslange Ehe in einer Gemeinschaft

Dohlen sind sehr gesellig und gleichzeitig monogam. Paare zeigen ihre Bindung, indem sie nebeneinander auf einem Ast sitzen, miteinander herumfliegen oder Futter suchen und sich gemeinsam neben ihrem Nistplatz aufhalten.

Normalerweise brüten Dohlen in Kolonien, es gibt jedoch auch Einzelbrüter. In den Brutkolonien besetzen ranghöhere Paare meist die besten Plätze. Die Gemeinschaft ist für die Dohlen in den verschiedensten Lebensbereichen sehr wichtig: beispielsweise für die Futtersuche, die Feindabwehr, die Paarfindung. Innerhalb dieser Gemeinschaft besteht ein differenziertes Geflecht individueller Beziehungen.

Dohlen leben streng monogam. Auch in der Gruppe halten sich die Partner meist nah zueinander auf.

Nicht zu nah!

Obwohl Dohlen sehr gesellig sind, braucht jedes Dohlenpaar seine eigene Nisthöhle. Liegen die Einflugöffnungen zu nah beieinander (weniger als 1 m), gibt es oft Streit zwischen den Nachbarn.

Das Nest wird aus frischen Zweigen, Reisig, lehmigen Erdklumpen oder Kuhmist gebaut. Je nach Platz werden sehr große Mengen an Nestmaterial eingetragen. Ausgepolstert wird das Nest mit Moos, Grashalmen, Wolle, Haaren, Federn oder Papierfetzen.

Das Weibchen legt im April oder Mai 4–7 Eier und brütet diese 17–18 Tage lang aus. Während des Brütens wird es vom Männchen am Nest mit Nahrung versorgt. Die Nestlinge sind nach 30–35 Tagen flügge. Die Jungvögel suchen sich schon im 1. Herbst einen Partner, brüten aber meist erst im 3. Lebensjahr.

Dohleneier sind blaugrün mit braunen Flecken. Das Nest wird aus Reisig, Laub, Haaren, Federn und anderem weichen Material angelegt.

Bindung an ein Haus: eng; Nistplatz, Mitte April bis Juni
Anwesenheit im Gebiet: ganzjährig
Aktionsradius um Brutplatz während Brut und Aufzucht: bis 2 km
Koloniebrüter: Nest in Hohlräumen von Gebäuden und Bäumen; 4–7 hell blaugrüne, braun gefleckte Eier
Brutbeginn: ca. Mitte April, **Schlüpfen:** Anfang Mai, **Ausfliegen der Jungen:** im Juni, **1 Brut pro Saison**
Körperlänge: 33–39 cm, **Flügelspannweite:** ca. 67 cm, **Gewicht:** 173–270 g

Vielseitiger Speiseplan

Dohlen sind nicht sehr wählerisch und verspeisen neben Groß- und anderen Insekten Schnecken und Würmer, auch Samen, Fallobst, Getreide, ja selbst Jungvögel und auch von Menschen weggeworfene Essensreste.

Dohlen suchen das Futter paarweise oder in Gruppen auf Äckern, Wiesen und Weiden mit niedriger Vegetation, auf Bäumen, offenen Mülldeponien, Misthaufen, in Rieselfeldern und Obst- und Gemüsegärten. Städtische Dohlen nutzen Parkanlagen, Friedhöfe und andere größere Grünflächen oder fliegen an den Siedlungsrand.

Während der Jungenaufzucht suchen Dohlen nahe zum Nest (idealerweise im Umkreis von ca. 500 m) hauptsächlich nach Insekten und Kleintieren, denn die Jungen benötigen eine proteinreiche Nahrung. Mangelt es an dieser, gehen die Jungen zugrunde.

Dohlen suchen in Gruppen nach Futter.

Schlafbaum

Zusammenleben mit Krähen

Dohlen vergesellschaften sich oft mit anderen Rabenvögeln (Saat-, Raben- oder Nebelkrähen). Insbesondere außerhalb der Brutsaison nutzen sie Schlafbäume gemeinsam. Die abendlichen Krähen- und Dohlenzüge zu den Schlafbäumen sind – vor allem im Winter, wenn die vielen Krähen und Dohlen aus dem Osten in mitteleuropäischen Städten mit dabei sind – sehr eindrucksvoll. Dann kommt es oft zu Ansammlungen von mehreren Hundert Rabenvögeln.

Dohle mit Nistmaterial im Schnabel

Haben Sie's gewusst?

Dohlen können sich gut an die Anwesenheit von Menschen gewöhnen, sogar ausgezeichnet zwischen vertrauten und fremden Menschen unterscheiden. Taucht in einer Brutkolonie ein Unbekannter als Beobachter auf, führt dessen Anwesenheit zunächst zu einer Verunsicherung, zu größerer Fluchtdistanz, unter Umständen sogar zum Auffliegen und lautem Geschrei. In Stadtzentren lebende Dohlen haben sich an die zahlreichen Passanten gewöhnt und dulden eine Annäherung bis auf wenige Meter. Bei größeren Störungen im Nahbereich der Nester kann es aber zur Aufgabe von Gelegen oder Nestlingen kommen.

Bestandsentwicklungen

Die Dohlenbestände sind insgesamt stabil. Lokal gibt es allerdings unterschiedliche Entwicklungen. Entscheidend sind der Erhalt von Nistmöglichkeiten (in Gebäuden, in Baumhöhlen, mit Nistkästen) und das Vorhandensein insektenreicher Lebensräume in der Nähe. Ohne die Insekten bleibt der Aufzuchterfolg aus. Der Erhalt einer Dohlenkolonie ist einfacher und weniger aufwendig als Wiederbesiedlungsversuche ehemaliger Brutplätze oder gar eine Neuansiedlung, deshalb muss dieser bei Gebäudesanierungen Priorität haben.

Anforderungen an einen (idealen) Nistplatz

- Der Nistplatz ist regen- und windgeschützt und eher zugluftfrei.
- Er liegt mindestens 6–8 m über dem Boden.
- Im Nistbereich ist es dunkel.
- Der Nistplatz findet sich in Gesellschaft von zwei oder mehr Nistplätzen.
- Marder, Katzen und andere Fressfeinde können nicht ins Nest eindringen.
- Im Umkreis von 0,5–2 km sind insekten- und kleintierreiche Lebensräume vorhanden.

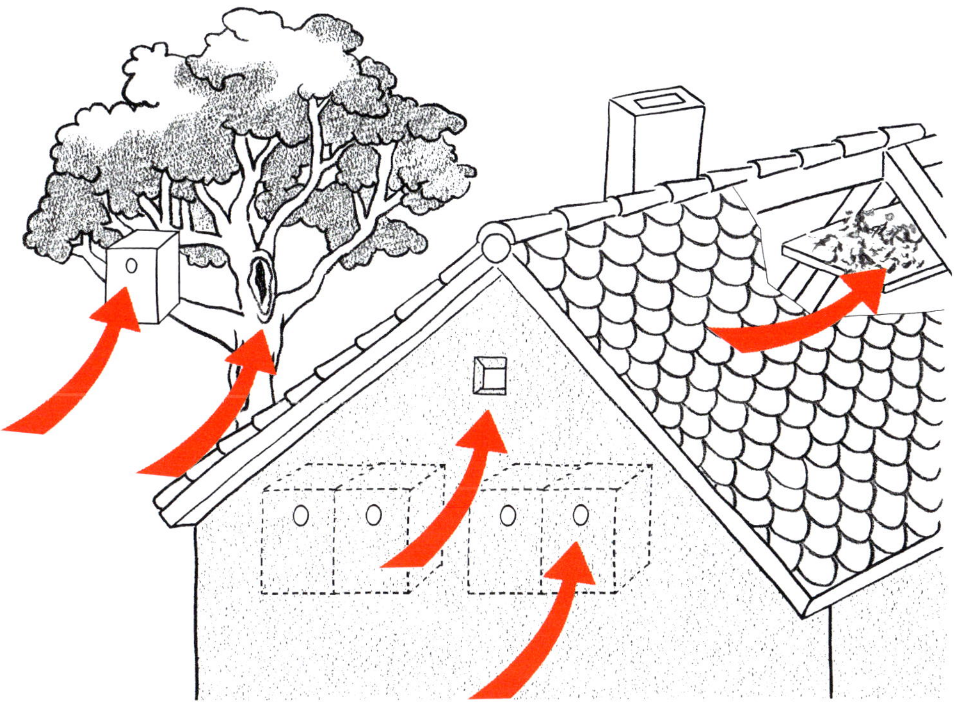

Gutes Einvernehmen

Dohlen hinterlassen praktisch keine Kotspuren an Fassaden. Sie halten das Nest sauber und ersetzen zudem vor Brutbeginn im Frühling das grobe Nistmaterial.
Damit kein Nistmaterial auf Balkone oder Fenstersimse fällt, montiert man Dohlennistkästen in Bereiche, unter denen keine Fenster oder Balkone liegen.

Manchmal wählen Dohlen gemauerte Schornsteine als Nistplatz. Das Nest liegt dabei bis 2 m tief im Kamin. Probleme ergeben sich dann, wenn der Kamin noch genutzt wird. Wegen des Nestmaterials kann die Abluft nicht mehr gut abziehen und es kann im Gebäudeinneren zu gefährlichen Kohlenmonoxid-Konzentrationen kommen. Um dies zu verhindern, lässt man – im Herbst nach der Brutzeit – das Nistmaterial aus dem Kamin entfernen und die Schornsteinöffnung mit Gittern verschließen. Die Maschen- oder Stabweite des Gitters muss durch die Fachperson so gewählt werden, dass beim Betrieb des Kamins in sehr kalten Wintern keine Eisbildung durch den aufsteigenden Wasserdampf entsteht. Nach der Vergitterung des Kamins werden für die Dohlen Ersatznistkästen angebracht. Sinnvoll ist es, diese in unmittelbarer Nähe und vorübergehend – zum Beispiel als Ausweichquartier während einer Sanierung – auch als Nachbildung anzubieten.

Falls in Hohl- oder Dachräume extrem viel Nistmaterial eingetragen wurde, können direkt hinter den Zugangsöffnungen geschlossene Nistkästen eingebaut werden.

Vergitterte Kamine, um deren Gebrauch zu gewährleisten.

Oben: Zeitlich befristetes Angebot für Dohlen auf einem Nachbarhaus. (Das Haus, in dessen Kaminen Dohlen brüteten, wurde saniert.) Ein Kamin-Nachbau aus Holz bzw. ein Dohlennistkasten aus Holzbeton. Darunter: Futterfracht in Kamin-Nachbau

Bau eines Scheinkamines für Dohlen bei der Sanierung eines Hauses, in dem in Kaminen Dohlen brüteten.

So geht's

Erhalten/Vergrößern: Alte Dohlennistplätze lässt man bestehen, sie werden wieder bezogen.

Will man eine Dohlenkolonie vergrößern, wird die Wahrscheinlichkeit der Annahme erhöht, wenn die zusätzlichen Nistplätze ähnlich aussehen wie die bestehenden.

Sanieren/Umbauen: Muss ein Haus mit Dohlennistplätzen saniert werden, legt man die Bauzeit am besten in die zweite Jahreshälfte zwischen Juli und Ende Februar.

Die Wiederbesiedlung wird wahrscheinlicher, wenn markante Veränderungen unterbleiben. Man wählt am besten den bisherigen Putztyp, dieselbe Farbe und auch die bisherige Anordnung von Fenstern usw. Insgesamt sollten das Erscheinungsbild und die Fassadenstrukturierung des Hauses nicht wesentlich verändert werden.

Zur Stärkung und Vergrößerung einer Kolonie in einem Brückenpfeiler wurden zusätzlich zu bestehenden Nischen Holz-Beton-Nistkästen montiert.

Ansonsten orientiert man sich für die Wahl resp. Konstruktion der Ersatznistplätze an den bestehenden. Muss man mit neuen Nistplatztypen, beispielsweise Nistkästen, auskommen, kann es sich lohnen, entsprechende Nistkästen bereits 1–2 Jahre vor der Sanierung am Haus zu montieren.

Auf dem Nachbarhaus eines «Kaminhauses» wurde mit diesem Nistkastentyp versucht, die Kolonie zu erweitern. Als Kennenlernmodus wurden Kamin und dieser Nistkastentyp nahe zueinander angeboten (siehe Abb. S. 65 oben links).

Sind die Häuser und Gebäude denkmalgeschützt, sind die entsprechenden Behörden miteinzubeziehen. Meist gelingen gute Lösungen.

Viele heutige Sanierungen haben die Minimierung des Energieverbrauchs und den Ersatz von fossilen Heizstoffen zum Ziel. Wenn beispielsweise bei Wohnhausanlagen aus den 1920er- bis 1950er-Jahren, die praktisch in jedem Raum einen Feststoffofen aufwiesen, auf Fernwärme umgestiegen wird, werden nur noch einzelne gemauerte Kamine gebraucht. In Gegenden, in denen Dohlen solche Kamine als Nistort wählen, könnten diese ungenutzten Kamine umgewidmet und belassen werden (Absprachen mit Rauchfangkehrer/Schornsteinfeger bzw. Behörde notwendig). Dadurch sind dort keine Nachfolgemaßnahmen notwendig.

Erstreckt sich die Sanierungszeit über eine oder mehrere Brutsaisons, sollten während dieser Zeit Ausweichnistkästen angeboten werden; die Zusammenarbeit mit einer Spezialistin oder einem Spezialisten ist dann unabdingbar. Falls in Nachbarhäusern Dohlen brüten, kann eventuell in Absprache mit den Naturschutzbehörden auf das Anbringen von Ausweichnistkästen verzichtet werden.

Links: Zugänge zu Dohlennistplätzen auf der Mauerkrone im Bereich der Dachtraufe. Mitte: Im hohen Schlitz eines Turms werden mittels einer Holzkonstruktion vier Dohlennistplätze angeboten. Rechts: Dohlennistkasten in einer Lukarne hinter einem Verschlussbrett.

Montage an Kamin

Neuansiedlung: Für den Erfolg von Neuansiedlungen ist es sehr hilfreich, wenn Dohlen bzw. Dohlennistplätze in der Umgebung vorkommen. Auch ist es für den Bezug der neuen Nistplätze unterstützend, wenn sich diese an der Art der Dohlennistplätze in der Umgebung orientieren.

Weisen Häuser Fassadennischen auf, die eigentlich als Brutplätze infrage kommen, sollten zu große Einfluglöcher bis auf ca. 8 cm verengt werden. Damit wird dem Bedürfnis der Dohlen nach dunklen Nischen und Schutz vor Feinden Rechnung getragen.

Allgemeines: Künstliche Nischen und Dohlennistkästen weisen eine Grundfläche von ca. 30 × 30 cm bis 30 × 50 cm auf. Die Einflugöffnung hat einen Durchmesser von höchstens 8 cm und liegt mindestens 10 cm über dem Nischen- oder Kastenboden. Allerdings sind Dohlen sehr anpassungsfähig. Idealerweise bietet man mehrere Nistmöglichkeiten im Abstand von 3–5 m an.

Um es den Feinden noch schwieriger zu machen und damit möglichst keine Tauben den Nistplatz nutzen, verzichtet man auf jegliche Sitzstangen unterhalb und vor der Einflugöffnung. Zu einem allenfalls vorhandenen Gesims sollte der Nistkasten einen Mindestabstand von 0,5 m haben.

Dohlennistplätze können recht nahe an gut versteckten Nistplätzen von Mauerseglern liegen, nicht aber nahe an Spatzennestern oder Turmfalken-Brutplätzen.

Bauanleitungen bzw. Bezugsadressen für fertige Dohlennistkästen findet man im Internet.

Turmfalken

Turmfalken sind im ländlichen wie auch städtischen Raum anzutreffen und gehören zu den häufigsten heimischen Greifvögeln. Der Rüttelflug, bei dem die Tiere in der Luft «stehen» bleiben, ist in der Stadt eher selten zu sehen, denn hier stehen genügend Ansitzwarten zur Verfügung. Nistplätze wählen sie an hohen Gebäuden bzw. auf Bäumen. Idealerweise bieten sie Aussicht und Schutz. Auch wenn Turmfalken in der baumarmen Kulturlandschaft leichter zu entdecken sind und daher dort häufiger vorzukommen scheinen, ist ihre Dichte in vielen großen Städten weit höher.

Der Nistplatz

Die Nistplätze von Turmfalken sind vielfältig: eine hochgelegene Nische in einer Fassade, ein Nistkasten an einem (Kirch-)Turm, an einer Scheune, einem Getreidesilo, einem Freileitungsmast oder ein altes Krähennest auf einem Baum. In Städten nisten sie gelegentlich auch in Blumenkästen in höher gelegenen Etagen.

Gebäude mit geeigneten Nischen werden immer öfter energetisch saniert. Heutige Hochhausbauten weisen meist kaum Höhlungen auf, die für Turmfalken geeignet sind.

Falkennistplätze: am Fuß einer Säule; auf von Kletterpflanzen eingewachsenem Gesims; in einem Blumenkasten im 7. Stock; in der Fensterlaibung eines Kirchturms

Entsprechend brüten zum Beispiel in Berlin mittlerweile ca. 60 Prozent der Falken in gezielt für sie an Gebäuden angebrachten Nisthilfen.

Unter den aktiven Nistplätzen und Ruheplätzen von Turmfalken findet man Gewölle – die in einem Ballen ausgewürgten Nahrungsüberreste (Speiballen). Beim Turmfalken sind sie ca. 3–3,5 cm lang und ca. 1,5 cm dick. Je nachdem, was Turmfalken gefressen haben, enthält das Gewölle Mäusehaare, Knochen, Federn und Insektenreste.

Teamwork

Die Brut obliegt fast ausschließlich dem Weibchen, das Männchen jagt und bringt Beutetiere. Die Jungen schlüpfen in Abständen von einigen Tagen. In den ersten zwei Wochen nach dem Schlüpfen ist das Weibchen primär mit Hudern (Wärmen und Pflegen der Jungen) sowie dem Verkleinern und Verteilen der Beutetiere beschäftigt, die das Männchen herbeischafft. Danach bringen beide Eltern Nahrung. Pro Nestling sind täglich 2–3 Beutetiere nötig.

Sind die Jungen ausgeflogen, rufen sie laut bettelnd nach den Altvögeln. Die hohen und lauten «kwi-kwi-kwi»-Rufe erregen die Aufmerksamkeit der Menschen, die die Vögel dann leichter erspähen können.

Bindung an ein Haus: eng; Nistplatz, Ende April bis Juli
Anwesenheit im Gebiet: Frühling bis Herbst, manchmal ganzjährig
Aktionsradius um Brutplatz während Brut und Aufzucht: 1–3 km
Ohne eigentlichen Nestbau: 4–6 dunkelrot bis braunrot gefleckte Eier
Brutbeginn: ab Mitte April, **Schlüpfen:** ab Mitte Mai, **Ausfliegen der Jungen:** Ende Juni; im Juli ist Flugschule, **1 Brut** pro Saison
Körperlänge: 34 cm, **Flügelspannweite:** ca. 75 cm, **Gewicht:** 190–300 g

So erkennt man sie
Im Gleitflug: schmale, spitze Flügel und ein langer Schwanz, T-förmige Silhouette; im Segelflug bei Aufwind: breit gefächerter Schwanz. Eventuell ist die schwarze Endbinde sichtbar. Taubengroß. Sitzende Falken: überwiegend rotbraune Färbung. Männchen: grauer Kopf, Bürzel und Schwanz. Weibchen: durchgehend rotbraun, stärker gemustert als das Männchen.

Turmfalkenweibchen im Rüttelflug

Jagdgebiete

Turmfalkenpaare stecken Reviere ab. Sie müssen groß genug sein, um ausreichende Nahrung für die Jungenaufzucht bereitzustellen. Das Revier wird gegen andere Turmfalken, Paare wie auch Unverpaarte, verteidigt. Die Größe eines Reviers in der Stadt liegt zwischen 0,9 und 3–4 km^2. Die Distanz der Revierränder zum Nest beträgt ca. 0,8–3 km.

Turmfalken verteidigen ihr Territorium.

Der Speisezettel ändert sich je nach Nahrungsangebot und Erreichbarkeit. Turmfalken, die in offenen Landschaften jagen, ernähren sich vorwiegend von Bodentieren: von Kleinsäugern wie Mäusen und gelegentlich Eidechsen oder Regenwürmern. Zur Zeit des Ausflugs der Jungschwalben versuchen Falken, auch diese zu erbeuten. In Städten sind vornehmlich Kleinvögel ihre Beutetiere. Auch Ratten, Fledermäuse, junge Mauersegler oder Alpensegler gehören zum Beutespektrum, Tauben eher selten.

Haben Sie's gewusst?
Beim Auffinden von Mäusen hilft ihnen ihre Fähigkeit, ultraviolettes Licht zu sehen. Dieses wird vom Urin der Mäuse reflektiert. Je frischer der Urin ist, desto stärker ist dessen UV-Licht-Anteil. Anhand dieser Spuren erkennt der Turmfalke, wo sich die Mäuse vor Kurzem aufgehalten haben; diese Stellen wird er bei seiner Jagd besonders im Auge behalten.

Anforderungen an einen (idealen) Nistplatz

- Ein Turmfalken-Brutplatz weist eine Fläche von ca. 0,25 m^2 auf.
- Der Nistplatz ist regen- und wettergeschützt.
- Er ist ost- oder südorientiert.
- Während der heißen Tageszeit ist er beschattet.
- Der Nistplatz liegt außer Reichweite von Mardern und Katzen.
- Er befindet sich 8 m oder mehr über Boden.
- Er liegt außerhalb eines anderen Turmfalkenreviers.
- Die Umgebung bietet am Boden genügend Kleintiere wie Mäuse, Vögel, Reptilien usw.

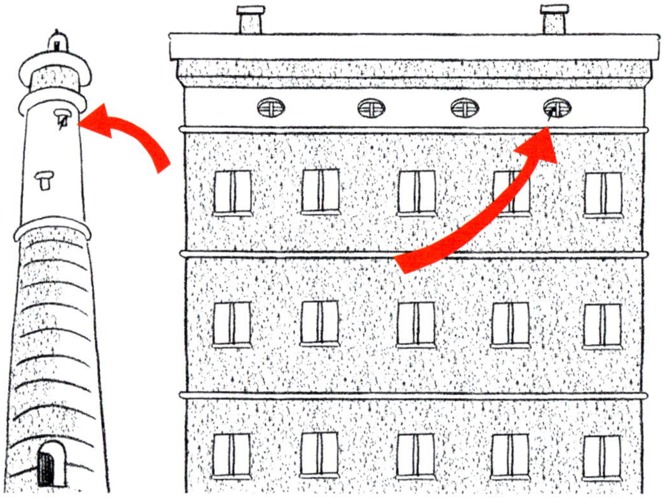

Gutes Einvernehmen

Turmfalkenjunge geben ihren Kot über den Nestrand ab. Eine Fassade kann dadurch verschmutzt werden, die Bausubstanz wird jedoch nicht geschädigt. Wo der Regen hinkommt, werden die weißen Spuren abgewaschen. An einer hell gestrichenen Fassade fallen sie ohnehin kaum auf. Ragt die Nestkante über die Fassade hinaus, fällt der Kot vor der Fassade auf den Boden.

Die Rufe zur Paarbindung, beim Zeigen des Nestes und von bettelnden Turmfalken (Weibchen, Jungen) sind laut. Je flugfähiger die Jungen sind, umso weiter entfernen sie sich vom Nest und desto geringer wird die Lärmbelastung.

Turmfalken kann man im Winter für die nächste Saison umquartieren. Man bietet eine günstigere Nische oder Luke oder einen Nistkasten an einem konfliktärmeren Ort in der Nähe an. Wenn der Turmfalken-Brutplatz zugänglich ist, ist es hilfreich, ihn im Herbst zu reinigen und neu einzustreuen.

Turmfalken-Nistkästen können unterschiedlich gestaltet sein.

So geht's – Nistplätze für Turmfalken

Erhalten und Erweitern: Turmfalken nutzen Nischen in Fassaden und Türmen. In vielen Stadthäusern, aber auch in Scheunen können Nischen erhalten, geschaffen oder Nistkästen in die Fassaden integriert werden. Geeignet sind auch Brandschutzmauern, Dachaufbauten und Industriegebäude.

Während der Sanierung: Beim Sanieren von Häusern mit Falkennistplätzen ist darauf zu achten, dies außerhalb ihrer Brutzeit zu tun. Wenn notwendig, werden temporäre Ersatznistkästen platziert. Diese können auch an geeigneten Häusern montiert werden, die im Umkreis von maximal 500 m stehen können. Siehe dazu auch Kapitel «Während der Sanierung».

Neuer Nistplatz für Turmfalken. Links: Anflugbrett in Öffnung. Rechts: Nistkasten im Hausinneren

Neubau

- Ideal ist die Integration der Nistmöglichkeiten in das Gebäude. Die Jungen sind dann besser geschützt und die Temperaturen im Innern des Nistkastens ausgeglichener.
- Nischen und Öffnungen platziert man mindestens 1 m von Balken und Gesimsen entfernt, von denen Steinmarder in die Nische oder in die Öffnung springen könnten.
- Eine Orientierung nach Osten oder Süden scheint vorteilhaft zu sein; ist aber nicht zwingend. Südorientierte Nischen und Kästen sollten beschattet werden.
- Turmfalken-Nistkästen haben Maße von ca. 0,5 m Tiefe, 0,4 m Höhe und 0,6–1 m Breite. Bauanleitungen gibt es im Internet. Der Fachhandel bietet auch fertige Falkennistkästen an. Es gibt auch Kastentypen, die sowohl für Turmfalken als auch für Schleiereulen geeignet sind.
- Eine rechteckige Einflugöffnung ist 8–12 cm hoch und 17–24 cm breit. Sie kann auch etwas von der Fassadenkante zurückversetzt sein.
- Der Boden der neuen Brutnische/des Kastens wird mit 2–3 cm Sand, Holzschnitzeln oder Sägespänen ausgelegt.

Wanderfalken

Wanderfalken *(Falco peregrinus)* belegen ähnliche Nistplätze wie Turmfalken, sie sind aber stärker an hohe bis sehr hohe Gebäude gebunden und kommen zudem viel seltener vor. Nistkästen für Wanderfalken sind größer als die für Turmfalken.

Da Wanderfalken in den 1970er-Jahren praktisch vor dem Aussterben standen, ist jedes erfolgreiche Brüten eines Wanderfalkenpaares ein Symbol für gelungenen Artenschutz. Heute kommen sie wieder in vielen Gebieten vor. Ihre Dichte wird aber – im Vergleich zu den Turmfalken – nie hoch werden, da sie jeweils riesige Territorien benötigen.

So erkennt man sie

Relativ lange, etwas dreieckige spitze Flügel. Mittellanger, leicht gerundeter Schwanz ohne schwarze Querbinde. Taubengroß. Massiger und kräftiger Körper, Oberseite dunkelblaugrau. Kehle hell, dunkler Bartstreif auch auf größere Entfernung sichtbar.

Bindung an ein Haus: eng; Nistplatz, während Brut- und Aufzucht
Anwesenheit im Gebiet: Frühling bis Herbst, manchmal ganzjährig
Aktionsradius um Brutplatz während Brut- und Aufzucht: 3–10 km
Ohne eigentlichen Nestbau, bis 4 gelblich weiße Eier mit braunroten Sprenkeln, **Brutbeginn:** März/April, **Schlüpfen:** ab Mai, **Ausfliegen der Jungen:** Ende Juni/Juli, **1 Brut** pro Saison
Körperlänge: 38–48 cm, **Flügelspannweite:** ca. 95–110 cm, **Gewicht:** 550–1100 g

Beobachtender Wanderfalke

Die attraktive Stadt

Wanderfalken ernähren sich von kleineren und größeren Vögeln. Je nachdem, wo das Territorium des Wanderfalken liegt, sieht die Zusammensetzung der Beute etwas anders aus. So ernähren sich Wanderfalken an der Küste von Küstenvögeln, Wanderfalken in den Alpen von den dort vorkommenden Vogelarten, in der Stadt bieten sich in großer Zahl die Straßentauben an. An hohen Gebäuden in den Städten sind gelegentlich Nischen vorhanden bzw. werden als Nischenersatz vielerorts auch Wanderfalken-Nistkästen montiert, so zum Beispiel in Berlin, Hamburg, Zürich, Graz. Mitunter sind diese mit Webcams ausgerüstet.

Wanderfalke mit erbeutetem Vogel

Hausrotschwänze

Als Bewohner von felsigen Landschaften war es für diese Vogelart einfach, in die Dörfer und Städte einzuziehen. Hausrotschwänze sieht man einzeln oder in der Nähe des Partners. Sie sind ruhelos, schauen sich immer wieder um und knicksen.

Unsere Hausrotschwänze verbringen den Winter überwiegend im Mittelmeerraum. Die meisten kehren im März aus ihrem Überwinterungsgebiet zurück.

So erkennt man sie

Schwanz leuchtend rostrot. Männchen an Kopf und Oberkörper dunkel gefärbt, Weibchen oberseits durchgehend unauffällig braungrau. Etwas kleiner und deutlich schlanker als ein Spatz. Sitzt oft auf Dachgiebeln, Verkehrszeichen oder Zäunen, führt rhythmische Knickse (kurzes In-die-Knie-Gehen) aus. Der Schwanz zittert und wippt dabei. Seinem kurzen Gesang folgt ein Knirschen.

Reinweiße Eier in einem voluminösen Nest

Fünf Nestlinge finden knapp noch Platz.

Immer in der Nähe von Nest bzw. Jungvögeln

Warten auf die Altvögel und Fütterung

Nest und Nachwuchs

Auf Balken und Trägern von Dächern, Balkonen und in Nischen von Mauern bauen die Hausrotschwänze ihr Nest. Auch größere, relativ wenig begangene Innenräume wie Ställe oder Lagerhallen werden genutzt. Hausrotschwänze lieben halbhelle Lichtverhältnisse. Man zählt sie zu den Nischen- und Halbhöhlenbrütern.

Für das meist recht voluminöse, napfförmige Nest werden Würzelchen, feines Gras und Moos verwendet. Die Nestmulde wird mit Haaren, Pflanzenwolle und einigen Federn ausgelegt.

Nach ca. 14 Tagen schlüpfen die Jungen und verbleiben etwa 16 Tage im Nest. Dieses verlassen sie, noch bevor sie richtig fliegen können. Die Altvögel haben alle Mühe, die Jungtiere nicht aus den Augen zu verlieren, zu umsorgen und zu füttern. Diese Begleitzeit dauert etwa zwei Wochen.

Intensiver Aufenthalt am Gebäude: März bis August
Anwesenheit im Gebiet: Frühling bis Herbst
Aktionsradius um Brutplatz während Brut und Aufzucht: 100–300 m
Sorgfältig gebautes Nest: 5–6 reinweiß glänzende Eier
Brutzeit: April bis August, **Brutdauer:** 13 Tage, **Ausfliegen der Jungen:** nach ca. 16–17 Tagen, **meist 2–3 Bruten** pro Jahr
Körperlänge: 16–17 cm, **Flügelspannweite:** 25–27 cm, **Gewicht:** 14–19 g

Anforderungen an einen (idealen) Nistplatz

- Hausrotschwänze nutzen für ihr Nest eine geschützte Stelle mit einer Grundfläche von ca. 15 × 15 cm.
- Sind zwei Nistmöglichkeiten vorhanden, wechseln Hausrotschwänze gern ihren Neststandort, um den Parasitenbefall zu minimieren.
- Der Nestbereich wird an störungsarmen Orten gewählt.
- Natur- oder Kiesflächen mit wenig Vegetation bieten gute Möglichkeiten für die Jagd auf Spinnen und Insekten. Die Vögel suchen auch Hauswände danach ab.
- Viele Ansitzmöglichkeiten erlauben das Jagen von Kleintieren.

Gutes Einvernehmen

Hausrotschwänze hinterlassen auf den Rufwarten auf dem Giebel oder einer Parkplatztafel den einen oder anderen Kotfleck, den der Regen mit der Zeit abwäscht. Zudem können Moos oder Grashalme vom Nest herunterfallen. Um das zu verhindern, stellt man eine größere Nestunterlage zu Verfügung oder sorgt dafür, dass das Nest auf allen vier Seiten von einem Brettchen zusammengehalten wird.

So geht's

Erhalten: Hausrotschwänze unterstützt man durch das Bilden und Anbringen von Nischen, Brettchen und Halbhöhlen von ca. 15 cm Breite und ca. 30 cm Tiefe. Die relativ große Tiefe verhindert, dass die Altvögel auf die Jungvögel treten und dass Marder und Katzen bzw. Elstern und Krähen zur Brut gelangen können. Auch vom Händler kauft man am besten einen Nistkasten mit erweitertem Brutraum und einem Einsatz zum Schutz gegen Nesträuber. Man wählt dazu einen Standort, der nicht allzu oft gestört wird. Alte Nester entfernt man im Herbst und reinigt zur Parasitenbekämpfung die Stelle mit heißem Seifenwasser.

Für Hausrotschwänze, die in Innenräumen wie Garagen, Werkstätten usw. nisten, lässt man während der Brutzeit ein kleines Fenster offen oder kippt ein größeres.

Ein Brettchen als Grundlage

Eine teilgemähte Wiese

Den Nahrungserwerb unterstützt man durch das wechselweise Kurzhalten von Wiesenflächen und das Einschlagen von Pfählen von ca. 1 m Höhe als Sitzwarten am Rande der Flächen. Auch Parkplätze mit Schottervegetation nützen den Hausrotschwänzen.

Während der Bauzeit noch nicht verschlossen und schon als Nistplatz genutzt

Sanieren: Hausrotschwänze sind neugierig und scheuen die Nähe des Menschen nicht. So finden sie auch auf Baustellen geeignete (oder ungeeignete) Brutplätze: in Nischen und Rohren von Fassaden oder auf Kabelträgern usw. in Innenräumen. Wenn sie eine Brut gestartet haben, muss man die Bauarbeiten so terminieren, dass die Brut nicht gefährdet ist. (Ausflug der Jungen ca. 2,5 Wochen nach dem Schlüpfen.)

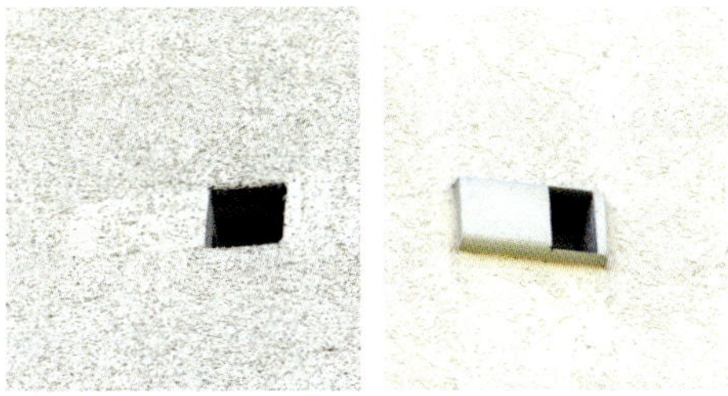

In die Fassade integrierte Nisthilfen für Halbhöhlenbrüter. Der Nistraum befindet sich jeweils im linken Teil des Kastens.

Neubau: Bei Neubauten können Nischen geschaffen bzw. geeignete Nisthilfen angebracht werden. Die ersten drei Geschosse über Grund oder über Dachgärten sind als Neststandort attraktiv.

Versteckt hinter Fassadenelementen auf einem Dachgarten

Buntspechte

Buntspechte sind in Wäldern, innenstädtischen Waldstücken, baumreichen Park- und Gartenanlagen sowie Innenhöfen mit großen, alten Bäumen zu Hause.

Ihr Speiseplan ist sehr vielfältig und reicht von Insekten über Spinnen, Nüsse, Beeren bis hin zu Eiern und Jungvögeln. Um an die nahrhaften Insektenlarven zu kommen, klopft er Löcher in morsches oder totes Holz. Um an Jungvögel anderer Höhlenbrüter zu gelangen, versucht er deren Höhlen oder Nistkästen aufzuhacken.

Ihre Jungen ziehen sie in selbst geschlagenen Höhlen in Bäumen auf. Auch an Häusern mit einer außen liegenden Wärmedämmung können ihre Hackaktivitäten gesehen werden. Die Spechtlöcher finden sich hier meist im oberen Bereich der Hauskanten, an denen sie sich besonders gut ankrallen können.

Buntspechte gehören nicht zu den klassischen Gebäudebrütern. Ihre Brut ist aber trotzdem geschützt (Tierschutz).

So erkennt man sie
Schwarz-weiß gefärbt. Scheitel schwarz mit rotem Nackenfleck (beim Weibchen fehlend), roter Hinterbauch und Unterschwanz, große weiße Schulterflecken. Etwa doppelt so groß wie ein Spatz. Fliegen sie weg, zeigen sie den typischen Wellenflug der Spechte: Nach dem Flügelschlagen legen sie ihre Schwingen an den Körper, wodurch sich die Flugbahn etwas senkt. Kurze Zeit später schlagen sie wieder mit den Flügeln, und die Flugbahn steigt wieder an.

Resonanz

Buntspechte horchen genau, wie Stämme und Äste klingen, wenn sie sie beklopfen. Je nach Klang und Holzhärte entscheiden sie, ob die Stelle als Bruthöhle oder als Fundort von Insektenlarven geeignet ist. Ertönt die Stelle laut und weitklingend, dann ist das ein guter Trommelplatz. Mit ihrem Trommeln locken Männchen vom Spätherbst bis etwa April Weibchen an und machen auf eine gute Bruthöhle aufmerksam. Weibchen trommeln, um mitzuteilen, dass dieses Revier schon besetzt ist.

Buntspechtweibchen, erkennbar an den schwarzen Nackenfedern (beim Männchen sind sie rot, siehe Bild links).

An Häusern in der Nähe eines Baumbestands prüfen Buntspechte manchmal Fassaden darauf, wie sie klingen. Manche Fassaden und Fassadenelemente – vor allem Fassaden mit Außendämmung oder Hinterlüftung – entpuppen sich als gute Resonanzkörper. Klopfen sie auf Vollwärmeschutz-Fassaden, erklingt ein lauter Ton. Die Verputzschichten sind meist sehr dünn und für Spechte leicht zu durchschlagen. Spechte nutzen Höhlen als Brutraum, aber auch als Schlafkammer. Das heißt, ein einzelner Specht kann in eine Fassade und die umgebenden Bäume mehrere Löcher schlagen. Buntspechte nutzen ihre Bruthöhlen nur einmal, schlagen also jedes Jahr eine oder mehrere neue Bruthöhlen. Buntspechtmännchen sind sehr schlagfreudig.

Aufenthalt an Gebäude: Dezember bis August, **Anwesenheit im Gebiet:** ganzjährig, **Aktionsradius um Haus während Brut und Aufzucht:** 200–500 m
Nest in Höhle, 4–7 Eier; **Brutbeginn:** April/Mai, **Brutdauer:** 10–12 Tage, **Ausfliegen der Jungen:** nach ca. 21–28 Tagen
Körperlänge: 22–23 cm, **Flügelspannweite:** ca. 42 cm, **Gewicht:** 70–90 g

Haben Sie's gewusst?
Buntspechte haben ein forsches Wesen. Sie sind schnell unterwegs, neugierig und scheu zugleich. Fühlt sich ein Specht an einem Baum beobachtet, wechselt er sofort auf die Rückseite des Stammes, um unmittelbar danach wieder von dort hervorzuspähen. In Teilen Österreichs leitet sich aus dieser Verhaltensweise das Wort «spechteln» ab. Es meint versteckt spähen, gaffen oder spionieren.

Die Gründe

Ob es einen Hauptgrund gibt, dass es einzelne Spechte an Hausfassaden zieht, ist nicht bekannt. Möglicherweise sind es verschiedene Gründe gleichzeitig und möglicherweise gibt es auch individuelle Vorlieben bei den einzelnen Spechten. Einige sind schon genannt: Brüten, Schlafen, Futtersuche, klangliche Markierung des Reviers, Erkundung durch Jungspechte. Die Grundsituation ist fast überall gleich: Das Haus ist außenisoliert und steht in der Nähe von Bäumen.

Bei der Arbeit

Baumeister für andere

Das Überangebot an Löchern und Höhlen, das ein Buntspecht schafft, nutzen andere Tierarten: beispielsweise Spatzen, Mauersegler, Stare, Meisen, Grünspechte, Fledermäuse, verwilderte Halsbandsittiche, Eichhörnchen oder Siebenschläfer. Wespen, Wildbienen oder Hummeln erkunden diese und nisten sich allenfalls ein.

Der Hohlraum in Styropor oder in Mineralwolle hinter der Einflugöffnung kann über die Jahre von anderen höhlenbrütenden Vogelarten erweitert werden. Fledermäuse nutzen den oberen Teil des Hohlraums oder zwängen sich nach oben zwischen Wärmedämmung und Hausmauer, falls dies möglich ist. Eichhörnchen nutzen eher untere Teile der Höhle. (Siehe auch Kapitel «Wärmedämmverbundsysteme».)

Spatzen sind häufige Gäste in Spechtlöchern.

Aufgeschnittener Hohlraum eines Spechtlochs, das vor einigen Jahren mit Schaum (graue Masse) verschlossen wurde. Rechts: Im unteren Bogen liegen Zeugen mehrerer Brutjahre und verschiedener Vogelarten, vermischt mit Fledermausguano.

Geschützte Arten, geschützte Nisthöhlen

In vielen Ländern ist die Zerstörung der Nistplätze oder deren Veränderung untersagt. Muss die Fassade saniert werden, muss deshalb eine Genehmigung der Naturschutzbehörden eingeholt werden. Dies ist sinnvoll, da auch andere Tierarten diese Höhlen nutzen.

Gutes Einvernehmen

Wo Buntspechte bereits an der Arbeit sind: Ein Zaubermittel dagegen ist noch nicht gefunden – was an einem Ort wirkt, bleibt an einem anderen ergebnislos. Wichtig ist, rasch zu reagieren und mit der Vergrämung des Buntspechtes zu beginnen. Man kann es mit aktiver Störung versuchen (Lärm, Hundegebell, nächtliches Ausleuchten der Höhle – sofern man die Höhle erreicht). Brüten oder ziehen die Spechte bereits Junge auf, muss abgewartet werden, bis die Jungvögel ausgeflogen sind.

Was zur Vergrämung schon ausprobiert wurde:

- Windspiele aufhängen (sich bei Wind drehende Alustreifen an langer Schnur, Windrädchen, Plastikbänder, CD-Ketten usw.)
- Specht-Attrappen als Zeichen «Revier schon besetzt» montieren
- Greifvogel-Attrappen (Turmfalke, Wespenbussard, Kauz, Uhu) aufhängen

Ebenso wird empfohlen, die «Abschrecker» alle paar Wochen umzuhängen. Zudem scheint es hilfreich, auch Ecken und Flächen am Haus mit Abschreckmaßnahmen auszustatten, an denen noch kein Spechtloch vorgefunden werden kann.

Sobald die Hohlräume von anderen Tierarten bewohnt werden, ist auf die Vergrämung zu verzichten.

Abwehrversuche mit Schwarzspecht-Attrappe bzw. Windspiel oder Verblechung der Ecke inkl. Falkenattrappe

So geht's

Verhindern: Es gibt von bautechnischer Seite verschiedene Möglichkeiten, Spechthöhlen zu verhindern. (Siehe dazu auch Kapitel «Neubau».)

Sanierung und Neubau: Das Verschließen von Spechtlöchern sollte bald nach deren Entstehung ausgeführt werden, um Wassereintritt und lokalen Verlust an Dämmwirkung am Haus zu verhindern. Bevor solche Fassadenlöcher geschlossen werden, ist unbedingt zu prüfen, ob die Höhle belegt ist, damit keine Tiere eingeschlossen werden. Die Flickarbeiten sollten vor März oder nach August durchgeführt werden. Aber auch dann ist eine Inspektion der Höhle mit hochwertigen Endoskopkameras angezeigt, denn auch Fledermäuse können im Hohlraum sein (siehe oben).

Wird die gesamte Fassade saniert, sind anstelle der Spechtlöcher – auch wenn sie verschlossen wurden – Nistmöglichkeiten und Quartiere für die vorgefundenen Arten (zum Beispiel Mauersegler, Spatzen, Fledermäuse) in oder an der sanierten Fassade vorzusehen. Für Meisen sind auch Ersatzquartiere an Bäumen möglich.

Bei wärmetechnischen Sanierungen von Häusern mit Spechtlöchern oder solchen, die in der Nähe großer Bäume oder von Häusern mit Spechtlöchern stehen, ist die richtige Wahl des Wärmedämmsystems entscheidend. Wird ein Wärmedämmverbundsystem (WDVS, Außendämmung) eingesetzt, dann raten einige Fachleute, einen klassischen, dicken Kalk-Zement-Mörtel-Putz bzw. einen Dickputz (2 cm und mehr) aufzutragen oder die Dämmung mit Klinkerriemchen zu verblenden. Spechtresistent scheinen beispielsweise hinterlüftete Fassaden zu sein.

Haus mit Eckschutz (Plexiglas) gegen Spechte

Einen Teilschutz können ca. 20 cm breite Eckbleche oder -plexiglasbänder bieten, da die meisten Spechtlöcher im Eckbereich der Häuser geschlagen werden. Das kann jedoch nicht verhindern, dass der Specht allenfalls in der Fassadenfläche oder an der Dachkante zu klopfen beginnt.

Bei Neubauten mit Spechtloch-Risiko empfiehlt es sich, ein Wärmehaltungssystem zu wählen, das keine klangaktive Außenisolation aufweist. Bewährt haben sich unter anderem monolithische Ziegel- und doppelschalige Bauweisen (ohne Verwendung von dünnwandigen Hohlblock- oder Gasbetonsteinen).

Vor Spechtschäden schützt auch eine Fassadenbegrünung. Die fachlich korrekte Ausführung muss dabei gewährleistet sein (Pflanzenwahl, statische Zuglast, richtige Verankerung eines Rankgerüstes usw.).

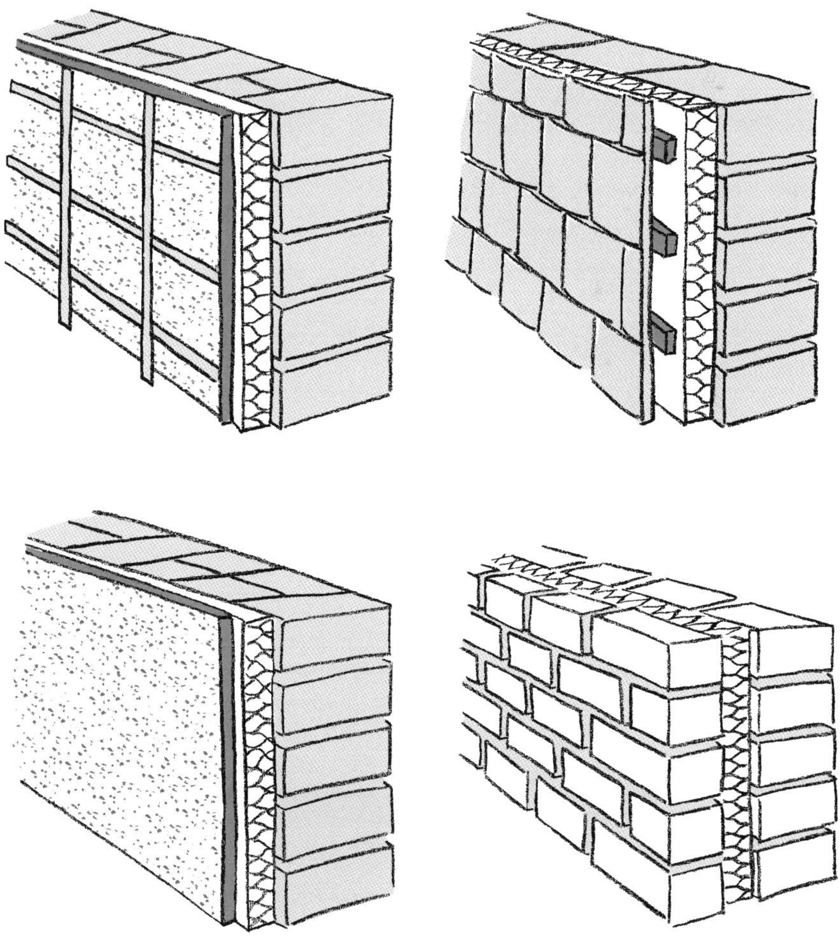

Hausspatzen

Hausspatzen oder Haussperlinge *(Passer domesticus)* leben meistens in der Nähe von Menschen: in Gehöften im Kulturland wie auch in städtischen Quartieren. Spatzen sind Allesfresser mit einer Vorliebe für Sämereien und Körner. Ihre Schnäbel sind entsprechend kräftig. Nestlinge werden aber ausschließlich mit Wirbellosen gefüttert.

In manchen Siedlungen, Stadtbezirken und Dörfern gehen die Bestände der Hausspatzen kontinuierlich, teils rapide zurück. Die Gründe dafür sind vielfältig: fehlende Nistmöglichkeiten an neuen Gebäuden oder sanierten Fassaden, das Fehlen von Sämereien durch das häufige Schneiden von Rasenflächen (z. B. Mähroboter), die Reduktion verwilderter Flächen, der Rückgang der Möglichkeit, Staubbäder zu nehmen, und das bereits stark reduzierte allgemeine Insektenangebot. Rafft eine Krankheit eine isolierte Spatzengruppe dahin, wird dieser Bereich spatzenfrei bleiben.

So erkennt man sie

Kleinvögel mit Federkleid in unterschiedlichen Brauntönen. Hauptsächlich in Gruppen in Sträuchern und am Boden. Dauernd rufend oder tschilpend. Direkter Flug auf nächste Sitzgelegenheit gerichtet. Das Hausspatzenmännchen besitzt einen grauen Scheitel. Das Hausspatzenweibchen ist unscheinbar hellbräunlich mit einem hellen Streifen hinter dem Auge.

Der Nistplatz

Hausspatzen zu beobachten, ist nicht schwer. Ihre Nester liegen aber verborgen in Nischen und Hohlräumen von Rollladenkästen, unter Ziegeln, in Schlupflöchern in der Fassade, hinter Straßenschildern, manchmal in den Nestern anderer Vögel (zum Beispiel Mehlschwalben) und auch in Baumhöhlen.

Das voluminöse Nest besteht aus vielfältigen Materialien, je nachdem, was gerade verfügbar ist. Die Nestmulde wird mit feinen Fasern, Haaren, Federn und anderen zufällig gefundenen Gegenständen ausgepolstert.

Oft nisten mehrere Brutpaare am gleichen Gebäude. Hausspatzen bevorzugen Nistplätze, die in der Nähe von Sträuchern und Baumkronen und mindestens 2–3 m über Boden liegen.

Die Bruten

2–4 Bruten zieht ein Paar in einer Saison auf. Brüten, Füttern und das Kotwegtragen teilen sich die Brutpartner. In den ersten Tagen nach dem Schlüpfen füttern die Altvögel ausschließlich Raupen, Käfer, Fliegen, Spinnen und andere Wirbellose. Nach und nach kommen auch grüne Pflanzenteile und Sämereien von Gräsern und Blumen dazu. Der Nachwuchs wird noch bis 14 Tage nach dem Ausfliegen gefüttert. Nach und nach lernen sie alles andere Fressbare kennen. Nur etwa 20 Prozent eines Spatzenjahrgangs überleben das erste Lebensjahr, die meisten Jungtiere sterben in den ersten Tagen nach dem Ausfliegen.

Manchmal bebrütet das Weibchen in einem nahen Nest bereits neue Eier, während das Männchen die Jungen der Erstbrut noch mit Futter versorgt. Das nennt man Schachtelbruten.

Sehr gut sind die «Zähnchen» im Gaumen des sperrenden Jungvogels zu sehen.

Betteln, um gefüttert zu werden.

Anforderungen an einen (idealen) Nistplatz

- Die Nisthöhle ist dunkel, regen- und windgeschützt. Ideal sind die Maße einer kleinen Schuhschachtel (ca. 20 × 15 × 15 cm). Der Zugang weist mindestens 3,5 cm Durchmesser auf.
- Unmittelbar über, neben oder vor der Nesthöhle bestehen Sitzmöglichkeiten wie Hauskanten, Fensterbänke, Blitzableiter, Dachränder.
- Meist sind mehrere Höhlen und Nischen in 0,5–5 m Entfernung zueinander vorhanden.
- Vom Nest direkt anfliegbare, dichte Heckengruppen oder Bäume befinden sich in weniger als 10 m Entfernung zum Nest.
- Insekten- und kleintierreiche Grünflächen mit Rasen, Wiesen, Weiden sowie Hecken und Gebüschen sind im Umkreis von 50–100 m um den Nistplatz vorhanden.
- In der nahen Umgebung befinden sich unversiegelte staubige Stellen, an denen die Spatzen zur Gefiederpflege ein Staubbad nehmen können: zum Beispiel Kieswege, Kiesplätze, offenerdige Parkplätze oder vegetations- und häckselfreie Stellen unter Sträuchern. Vorteilhaft sind gut überschaubare Staubbäder, damit die Spatzen vor anschleichenden Katzen rechtzeitig flüchten können.

Staubbaden

Bindung an ein Haus: eng; Nistplatz, Ende April bis Anfang September
Anwesenheit im Gebiet: ganzjährig
Aktionsradius um Brutplatz während Brut und Aufzucht: 50–400 m
Nest: in kleinen Höhlen, tragen allerlei Nistmaterial ein; 4–6 schmutzig weiße, graubraun gefleckte und gestrichelte Eier
Brutbeginn: April bis Juli, **Brutdauer:** 11–15 Tage, **Ausfliegen der Jungen:** nach ca. 14 Tagen, **2–4 Bruten** pro Jahr
Körperlänge: 14–15 cm, **Flügelspannweite:** ca. 23 cm, **Gewicht:** 20–30 g

Gutes Einvernehmen

Hausspatzen belassen Bausubstanz intakt. Sie zerren kein Isolationsmaterial heraus, sie schaben keinen Verputz ab, sie kratzen nicht an hölzernen Bauteilen. (In Spechtlöchern in Dämmsystemen allerdings erweitern sie die Höhle, falls sie zu knapp wird. Siehe dazu Kapitel «Buntspechte».)

Fenster und Fenstergesimse bleiben sauber, wenn die Nistplätze nicht direkt über den Fenstern liegen. Ist die Fassade im Bereich des Nestes hell, so sind etwaige Kotspuren weniger gut zu sehen.

Lässt man unterhalb von schrägen Dachfenstern oder anderen Dachdurchbrüchen das Vogelschutzgitter weg, können dort Spatzennester entstehen, ohne die Dachhinterlüftung zu reduzieren. Stören die Aktivitäten am Spatzennest zu stark, bietet man im Nahbereich einen Ersatz an (zum Beispiel mittels Nistkästen) und verschließt den Eingang zum alten Nest außerhalb der Brutzeit.

Sollte ein Kotbrett sinnvoll sein, darf es in der Farbe der Fassade gestrichen sein. Wurden Rollladenkästen als Nistplatz auserkoren, vermeidet man während der Brutzeit das Runter- und Rauflassen der Store, um keine Spatzen zu verletzen.

Haben Sie's gewusst?
Spatzen wissen, wo die menschlichen Nahrungsgründe liegen. Einige Individuen wissen auch, wie sie diese erreichen können. Sie fliegen zum Beispiel gezielt in die Lichtschranken von automatischen Schiebetüren, um sich Zutritt in Restaurants oder Brotauslagen von Lebensmittelgeschäften zu verschaffen.

So geht's

Erhalten/Vergrößern: Alte Spatzennistplätze lässt man bestehen, sie werden wieder bezogen. Falls es erreichbare Nistkästen sind, sollen sie jedes Jahr im Herbst nach der Brutzeit geleert und gründlich gereinigt werden. Damit schützt man die nächste Brut vor Parasitenbefall. Zudem sind im Herbst die möglichen Winterschläfer noch nicht auf Wohnungssuche.

Spatzennistkasten halb tief in Wärmeverbundsystem montiert. Spatzennistkästen auf die Wärmedämmfassade aufgesetzt und nahe zur Position platziert, an der vor der Sanierung Spatzen genistet haben.

Gleichzeitig ist darauf zu achten, dass die Sträucher und Büsche, die Möglichkeiten für das Staubbaden und Grünflächen mit Gräsern und Blumen in der nahen Umgebung des Nistplatzes erhalten bleiben. Spatzen schätzen geselliges Staubbaden sehr.

Will man eine Spatzenkolonie vergrößern, wird die Wahrscheinlichkeit der Annahme erhöht, wenn die zusätzlichen Nistplätze an ähnlichen Positionen liegen wie die bestehenden. Allerdings sind Spatzen sehr neugierig und lernfähig und nehmen oft neue Nistmöglichkeiten an. Weitere Bereiche mit insektenfördernden Pflanzen und samentragenden Gräsern und Blumen erhöhen das Nahrungsangebot.

Sanieren/Umbauen: Soll ein Haus, eine Fassade mit Spatzennestern saniert werden, legt man die Bauzeit am besten in die zweite Jahreshälfte zwischen Juli und Ende Februar.

Die größte Wiederbesiedlungswahrscheinlichkeit erhält man, wenn man ähnliche Nistplatztypen wählt, wie sie vor der Sanierung bestanden, oder Nistplatztypen, die an Nachbarhäusern von Spatzen bezogen sind.

Weibchen mit Insekt auf einem Baugerüst auf dem Weg zu seinen Jungen

Oft werden Ausweichnistmöglichkeiten an Gerüsten schnell besiedelt. Es ist hilfreich, den Kasten im Nahbereich des originalen Nistplatzes zu platzieren und in der Umgebung des Sanierungsobjektes die Büsche, Bäume und Sandbademöglichkeit zu belassen.

Hausspatzen nisteten in alten Dehnungsfugen (links). Mit der Sanierung wurden diese verschlossen. Man bot den Spatzen Nistkästen an, die den Dehnungsfugen optisch ähnelten; diese wurden sofort besiedelt. (Siehe auch Kapitel «Mauersegler».)

Es kann auch wirksam sein, bereits ein oder zwei Brutzeiten vor der Sanierung die Nistkästen zu montieren, die man danach während der Sanierung und schließlich als definitive Nistkästen nutzen kann. An Gerüsten, die über eine Brutsaison stehen, kann man den Spatzen am Gerüst Ausweichnester anbieten (nicht auf der Sonnenseite).

Spatzen lassen sich durch ein Gerüst und von Arbeiten an einem Haus nicht abhalten, daran zu brüten. Das Gerüst kann allenfalls auch über eine Brutsaison stehen, ohne dass die Brut beeinträchtigt wird. Allerdings muss im Staubnetz mindestens eine Lücke vorhanden sein, sodass die Vögel zufliegen können. Arbeiten, die das Nest zerstören, sind nur außerhalb der Brutzeit erlaubt.

Zu beachten ist, dass Spatzen Häuser auch während einer Sanierung auf Nistmöglichkeiten absuchen und in noch nicht fertigen Wärmedämmungen, in Arbeit stehenden Dachstöcken usw. zu brüten beginnen. In diesen Fällen sind diese Stellen von weiteren Arbeiten auszunehmen, bis die Jungvögel ausgeflogen sind. Gleichzeitig ist ein Ausweichnest am Gerüst zu montieren.

Wenn über den Winter intensiv gebaut und saniert wird und Sträucher zum Beispiel für Installationsflächen weggeschnitten werden, kann es sein, dass Spatzen den Bereich um das Haus verlassen – mit dem Risiko, dass sie nicht mehr zurückkehren. Um dies zu verhindern, ist es hilfreich, Strauchgruppen zu sichern und über die Sanierungszeit an geeigneten Plätzen Futterstellen für Spatzen einzurichten und zu unterhalten. Dies ist umso wichtiger, je weniger Spatzen es in der näheren Umgebung noch gibt. Denn wenn letzte Spatzen in einer Überbauung oder in einem Bezirk vertrieben werden, bleibt eine Wiederbesiedlung aus.

Spatzen entdeckten dieses Loch im Dämmsystem und brüteten. Die Arbeiten mussten ruhen, bis die Brut ausgeflogen war.

Ein adaptierter Spezialziegel mit verkleinerter Öffnung für Spatzen und Meisen zu einem abgegrenzten Nistbereich auf dem Unterdach

Neuansiedlung: An jedem Haus gibt es Möglichkeiten, den Spatzen mögliche Nistplätze anzubieten: unter Ziegeln (durch Öffnungen in der Ziegelleiste), im Dachvorsprung (durch Öffnungen in der Untersicht oder hinter der Dachrinne), im Zwischendach (durch das Weglassen von Insektengittern), unter Firstziegeln (durch Weglassen eines Gitters), an der Fassade (hinter Fassadenelementen oder in Fassadennischen), am Fenster (im Rollladenkasten), an Balkonbrüstungen (durch Nistkästen), mit Nistkästen auf oder in der Fassade (siehe Kapitel «Neubau»).

Die Wahrscheinlichkeit, dass ein Spatzennistkasten von Spatzen bezogen wird, ist dann am höchsten, wenn in der nahen Umgebung Spatzen vorkommen und in entsprechenden Nistkästen brüten. Spatzennistkästen werden allenfalls von anderen Kleinvögeln wie Kohlmeisen, Blaumeisen, Sumpfmeisen angenommen. Einige Nistkästen werden als Universalnistkästen bezeichnet und je nach Vogelvorkommen von verschiedenen Kleinvogelarten oder Fledermäusen bezogen.

Allgemeines: Die im Handel erhältlichen Produkte und Anleitungen für den Selbstbau berücksichtigen oft, dass Spatzen bevorzugt in Gruppen nisten. Ein Kasten mit mehreren Nistkammern direkt nebeneinander unterstützt ein Spatzenpaar darin, mit der nächsten Brut zu beginnen, bevor die vorhergehende fertig ist. Ein einzelner Mehrfachnistkasten gründet jedoch noch keine Kolonie: Will man mehreren Brutpaaren einen Nistplatz zur Verfügung stellen, verwendet man besser mehrere Einzel- oder Mehrfachkästen in 2–3 m Abstand zueinander.

Im Handel sind Nistkästen im Angebot, die es Hauskatzen und Mardern verunmöglichen, mit der Pfote ins Nest zu gelangen. Auch sind sie so stabil gebaut, dass Spechte sie nicht aufhacken können. Für Gebiete mit Waschbär-Vorkommen werden im Handel spezielle waschbärensichere Nistkästen angeboten.

Spatzennest-Nachbau unter einer Dachrinne. Spatzen nisteten an solchen Stellen. Mit dem Dachausbau wurden an den Stellen, die höchstens bis mittags besonnt sind, Nistbereiche eingerichtet. Die Einschlupföffnung wurde so dimensioniert, dass Krähen nicht bis zur Brut gelangen können.

Feldspatzen beim Naschen von Sämereien in städtischem Park

Feldspatzen

Der Feldspatz oder Feldsperling *(Passer montanus)* kommt an Stadt- und Ortsrändern zwar manchmal gemeinsam mit dem Hausspatz vor, doch bevorzugt er eher ländlich geprägte, baumbestandene Lebensräume und brütet gern in Baumhöhlen und Nistkästen. In manchen Städten zeigen die Feldspatzen die Tendenz, nach und nach mehr an Gebäuden zu brüten und in die Zentren vorzustoßen.

So erkennt man sie:
Kleinvögel mit Federkleid in unterschiedlichen Brauntönen. Hauptsächlich in Gruppen in Sträuchern und am Boden. Dauernd rufend oder tschilpend. Feldspatzen sind etwas zierlicher als Hausspatzen. Männchen und Weibchen haben einen kastanienbraunen Kopf, einen schwarzen Wangenfleck und einen weißen Halsring.

Der Umgang mit Feldspatzen orientiert sich an den Maßnahmen, die für die Hausspatzen beschrieben wurden.

Amseln

Amseln *(Turdus merula)* nutzen Nischen und Astgabeln hinter einem Blätterwerk, beispielsweise hinter oder in dichten Kletterpflanzen, manchmal auch hinter Pflanzen, die auf einer Terrasse stehen. Sie sind keine eigentlichen Gebäudebrüter. Die Amseln in den Siedlungen und Städten stammen ursprünglich aus strauchreichen Wäldern. Sie haben aber ihre Scheu abgelegt. So liegen die dichtesten Amselbestände mit mehreren Brutpaaren pro Hektar in Siedlungen. Das Nahrungsangebot für diese «Fast-alles-Fresser» ist gut: Würmer, Insekten, Beeren, Früchte, Sämereien und Aas.

So erkennt man sie

Amselmännchen unverwechselbar: tiefschwarzes Federkleid, leuchtend gelber Schnabel, gelb eingefasste Augen. Wohlklingender, melodiöser Gesang, von hoch liegenden Singwarten auf Giebeln, Antennen oder Ähnlichem vorgetragen. Gefieder der Weibchen in verschiedenen dunklen Brauntönen gehalten, mit etwas hellerer Kehle, braunem Schnabel. Schwierig von anderen Drosselweibchen zu unterscheiden.

Amseln, wie man sie oft sieht: schemenhaft rennend und hüpfend am Boden oder wartend, bis die Luft rein ist, um zum Nest zu fliegen.

Bindung an ein bestimmtes Haus: eng; Nistplatz, ab Anfang März
Anwesenheit im Gebiet: ganzjährig
Aktionsradius um Brutplatz während Brut und Aufzucht: 50–500 m
Nest: in Nischen, tragen allerlei Nistmaterial ein; 3–5 grüne, gesprenkelte Eier
Brutbeginn: März bis Juli, **Brutdauer:** 12–14 Tage, **Nestlingszeit:** rund 14 Tage, ca. weitere 10–14 Tage Fütterung außerhalb des Nests, **2–4 Bruten** pro Jahr
Körperlänge: 24–29 cm, **Flügelspannweite:** ca. 34–38 cm, **Gewicht:** 80–120 g

Anforderungen an einen (idealen) Nistplatz

- Die Nistunterlage misst rund 20 × 20 cm.
- Der Nistplatz liegt etwas versteckt: im Dickicht, hinter Balken, hinter Vegetation.
- Die Vögel können die Nestumgebung jederzeit beobachten.
- In der näheren Umgebung befinden sich Bodenflächen mit vielen Regenwürmern, Raupen, Schnecken und Insekten.

Haben Sie's gewusst?

Der Nestbau ist Frauensache. Die Weibchen wählen den Niststandort. Dort bauen sie ein vierschaliges Nest. Als Erstes werden Ästchen und gröbere Halme oder auch Papier und Kunststoffe aus der Zivilisation zusammengetragen. Darauf schichtet die Amsel dünnere Halme und Moos. Anschließend wird die Schale mit Erde ausgefüllt und die Liegemulde meist mit Blättern und feinen Halmen geformt. Liegt das Nest sehr gut geschützt, wird es für die nächste Brut wiederverwendet, andernfalls baut die Amsel ein neues.

Weibchen beim Brüten in einer Kletterpflanze

Mehrschaliges Amselnest mit herausgelöster Liegemulde

Amseleier und frisch geschlüpfte Amseln

Gutes Einvernehmen

Amselbruten sind unauffällig. Verschmutzungen gibt es keine, Belästigungen auch nicht.

So geht's – Nisthilfen für Amseln

Erhalten und Erweitern: Falls ihr Nest allzu ungeschickt an einer für Katzen oder Krähen gut erreichbaren Stelle gebaut ist, schützt man es mit Maschendrahtgeflecht.

Amseltaugliche Nistkästen nehmen darauf Rücksicht, dass Amseln möglichst Übersicht haben wollen. Die Nistkästen haben große seitliche Öffnungen oder zurückweichende Seitenwände zusätzlich zur weiten Frontöffnung.

Sanierung und Neubau: Am Haus bieten sich dichtlaubige Kletterpflanzen oder Spalierobstbäume als gute Nistplätze für Amseln an. Bei der Neuanlage auf ca. 1,5–3 m Höhe können amselgerechte Nischen in die Wand eingelassen werden oder die Nisthilfen werden im zukünftigen Kletterpflanzenbereich angebracht und verschwinden dann hinter der wachsenden Kletterpflanze.

Hausmauernische hinter Kletterpflanzen mit Amselnest

2 Insekten und Spinnen

Rote Mauerbiene

Wildbienen

Unter den fast 600 Bienenarten, die in Mitteleuropa leben, nutzen nur wenige unsere Häuser. Namen wie Mauer- und Mörtelbienen weisen auf diese Arten hin.

An Häusern, die mit Schilf gedeckt sind oder mit Lehm gebaut wurden, finden und fanden sie Möglichkeiten zu nisten. Auch Schilfmatten an Balkongeländern können von «Röhrchen»-Bienen besiedelt werden.

Die vergleichsweise wenigen Wildbienen, die Röhrchen nutzen, sind häufige Arten. Bei 6–9 mm Rohrdurchmesser sind dies: Gehörnte Mauerbiene *(Osmia cornuta)* und Rostrote Mauerbiene *(Osmia bicornis)*. Dünner gebohrte Röhrchen werden beispielsweise von Hahnenfuß-Scherenbiene *(Chelostoma florisomne)* und Gewöhnlicher Löcherbiene *(Heriades truncorum)* besiedelt.

Der Name «Wildbiene» grenzt die Bienenarten von der Honigbiene ab. Wildbienen sind völlig harmlos. Ihre Unterfamilien und Gattungen tragen Namen wie Zottel-, Seiden-, Glanz-, Hosen-, Schlürf-, Harz-, Masken-, Pelzbienen und viele andere. Fast die Hälfte ist gefährdet. Die Farben- und Formenvielfalt der Wildbienen ist sehr groß. Es gibt kleine (5–7 mm) bis große (25–28 mm), behaarte, unbehaarte, schwarze, rot gefärbte oder wespenartig gelb gestreifte, die auf den ersten Blick oftmals gar nicht als Wildbienen zu erkennen sind.

So erkennt man sie
Kleine Fluginsekten mit transparenten Flügeln, meist behaarter Vorder- und Hinterkörper. Schwarze, linsenförmige Augen beidseits des Kopfes, Vorder- und Hinterkörper weniger deutlich voneinander abgesetzt als bei Wespen. Körper weniger kompakt als bei Fliegen.

Auch Hummeln gehören zu den Wildbienen.

In und auf Mauern und im Sand

Mauerbienen nutzen an Häusern unter anderem kleine Fugen und Mauerlöcher als Nistplätze. Mörtelbienen bauen auf eine steinerne oder harte Unterlage einige nebeneinanderliegende Brutzellen aus Lehm. Wenn die Brutzellen verschlossen sind, erscheint das Werk als eine bucklige Erhebung an der Mauer und ist steinhart.

Die meisten Wildbienen legen ihre Brutröhren im Boden an. Einige haben dabei den Mauersockel von städtischen Gründerzeithäusern ausgesucht. Im Winkel vom Mauersockel zum Gehsteig bauen sie ihre Brutröhren nach unten in den sandigen Unterbau des Gehsteiges. Jeden Frühling, wenn die geschlüpften Weibchen selbst wieder Brutröhren anlegen, häufen sich die kleinen Sandpyramiden.

Eine Furchenbiene *(Lasioglossum)* und die Sandhäufchen am Fuß einer Hauswand, die durch das Graben von Brutröhren im Untergrund entstehen.

Bindung an einen Ort: sehr eng; Bau der Brutzellen und Eintrag von Nahrungsvorräten
Anwesenheit im Gebiet als fliegende Insekten: je nach Art jeweils ca. 3 Wochen bis mehrere Monate zwischen März und Oktober
Aktionsradius um Brutplatz während Brut und Aufzucht: 20–500 m (!)
Bau von Brutzellen: mit sehr unterschiedlichen Materialien, **Anlage neuer Brutzellen:** sofort ab Schlupfzeitpunkt
Ausfliegen: als Erwachsene, **1 oder 2 Generationen** pro Jahr, je nach Art
Körperlänge: überwiegend 2–13 mm, **größere Arten:** 15–23 mm (Hummel), **größte Arten:** 14–28 mm (Holzbiene)

Wildbienen-Brutzellenreihe im Rahmen eines Fensters, das lange geschlossen war.

Leicht zerstörtes Bruthaus einer Mörtelbiene mit Löchern der bereits geschlüpften Bienen

Haben Sie's gewusst?
Wildbienen bauen ihre Brutzellen in dünnen Röhren. Sie graben Gänge in den Boden, sie wickeln Blätter, sie bauen sie aus Lehm, nutzen die Arbeit anderer (beispielsweise Bohrgänge von Holzinsektenlarven) oder sie legen sie in natürlichen Röhrensystemen an (hohlen Stängeln, Schneckenhäusern).
Die Welt der Wildbienen ist absolut faszinierend. Die meisten leben den größten Teil ihres Lebens als Larve, Ruhelarve/Vorpuppe und Puppe in der Brutzelle. Viele Arten überwintern als Ruhelarve. Bei einigen wenigen – so bei den Hummeln – überwintern die befruchteten Weibchen; ihre Brut entwickelt sich dann im Frühling sehr schnell.

Anforderungen an einen (idealen) Nistplatz

Die Wildbienen sind sehr arten- und formenreich. Allen Wildbienen gemeinsam sind drei Anforderungen:

- Wildbienen benötigen blumen- und blütenreiche Flächen auf nahen Plätzen, Dächern, Borden (Wiesen, Hecken, Bäume).
- Für ihre Brut bevorzugen sie eher warme, meist besonnte Plätze (südost- bis südwest-exponiert).
- Für den Bau, die Innengestaltung und den Verschluss von Brutröhren benötigt jede Art ihre spezifischen Baumaterialien wie Sand, Erde, Lehm, Harz, Blätter, Pflanzenwolle und anderes.

Gutes Einvernehmen

Wildbienen sind völlig harmlos. Entdeckt man am Haus steinharte, unregelmäßig gebaute Halbkugeln, belässt man sie einfach. Unterhalb von künstlichen Nisthilfen fallen während der Zeit des Schlüpfens feine Krümel an, die man einfach wegwischen kann (Balkon).

So geht's – Unterstützung von Wildbienen

Die bekannteste Art, Wildbienen zu unterstützen, ist das Anbieten von Wildbienen-Nisthilfen (fälschlicherweise als Wildbienenhotels bezeichnet.) Deutlich mehr Wildbienenarten profitieren allerdings davon, wenn wir ihnen Nektar und Pollen unterschiedlichster Wiesenblumen anbieten. Das kann beispielsweise in Blumenkästen auf dem Balkon oder der Terrasse erfolgen. Bei den Samenpäckchen mit der Aufschrift Bienenweide sollte man sich unbedingt vergewissern, dass die Samen in der Region geerntet wurden. (Alternativ sammelt man die Samen auf Blumenwiesen selbst.)

Viele Wildbienen lieben Lippenblütler (wie Ziest- und Nesselarten sowie Küchenkräuter wie Salbei, Dill, Thymian, Minze, Borretsch oder Ysop), Korbblütler (wie Schafgarben, Witwen-, Korn- und Flockenblume), Malvengewächse, Kreuzblütler (wie Blaukissen und Steinkraut), Dickblattgewächse (wie Mauerpfeffer- und Fetthennenarten), Schmetterlingsblütler (wie Hornklee und Esparsetten), Glockenblumen und andere. Diese Arten brauchen humusarme Erde (lehmigen Sand, mit Sand vermischte Gartenerde), die nie ganz austrocknen soll. Perfekt gelingt diese Unterstützung auch auf/mit begrünten Flachdächern (siehe Kapitel «Begrünte Dächer»).

Reife Doldenblüte: ein Festmahl für Wildbienen und andere Insekten

Künstliche Nistmöglichkeiten können wie folgt aussehen:

Hartholzklötze mit gebohrten Löchern: Um Käferfraßgänge in Totholz zu imitieren, nimmt man einen gut gelagerten Holzklotz oder einen Ast aus Hartholz (Esche, Eiche, Buche) und bohrt quer zur Maserung (nicht in das Stirnholz) bis zu 10 cm tiefe Löcher. Löcher mit Bohrweiten von 3–6 mm sollten überwiegen. Einige können enger (2 mm), andere weiter (bis 10 mm) sein. Die Bohrlochränder müssen sauber gearbeitet sein, sonst besteht die Gefahr, dass die Flügel der Bienen verletzt werden. Der Holzklotz wird fix an einer Mauer, einem Baumstamm oder Pfosten oder Ähnlichem befestigt und kann ganzjährig draußen hängen. Ist der Aufhängeort dem Regen ausgesetzt, sollte man ihn mit Teerpappe, Blech oder Acrylglas überdachen.

Strangfalzziegel: Sie weisen in Längsrichtung verlaufende Hohlräume (Löcher) auf, deren Öffnung man auf den gewünschten Durchmesser von 5–9 mm erweitern kann. Die hintere Öffnung kann mit Watte verschlossen werden. Manchmal versiegelt die Wildbiene sie selbst. Die Ziegel stapelt man waagrecht aufeinander.

Brutröhrchen: 15–20 cm lange Schilfstängel, hohle Stängel von Holunder, Sommerflieder oder Bambusröhrchen werden einzeln in Ziegelsteinhohlräume geschoben oder als Bündel mit Draht zusammengebunden. Sie werden an sonnigen Stellen waagrecht liegend und regensicher platziert.

Wichtig: Die Wildbienen wählen Insektennisthilfen, die an geeigneten Stellen angebracht sind. Diese sollten deshalb an dieser Stelle belassen werden. Auch die nächste Generation profitiert davon, da die geschlüpften Wildbienen gerne wieder am Ort ihres Schlüpfens ihre Brut begründen. Jährlich könnte man in diesem Sinne gleichenorts zusätzliche Nisthilfen anbringen.

Wildbienen bevorzugen saubere Gänge. Werden Bohrlöcher ein oder mehr Jahre nicht mehr genutzt, säubert man sie im Winter mittels einer Nachbohrung.

Vielgestaltige Insektennisthilfen (links: Strangfalzziegel)

Deutsche Wespe

Wespen

Einige wenige Wespenarten bauen ihre Nester in besonders gut geschützten, warmen Nischen am Dachrand, hinter Wandverschalungen, in Rollladenkästen, unter Ziegeln oder in Dachstühlen. Ihr Nest ist zunächst sehr klein mit wenigen Waben. Je nach Art bleibt die Größe des Nestes bescheiden oder wächst ganz beträchtlich an.

Wespen sind nicht gleich Wespen. Zu den Echten Wespen (Vespinae) zählen Lang- und Kurzkopfwespen sowie Hornissen. Ihre Körper und Köpfe sind meist schwarz-gelb gezeichnet und die Beine gelb. Deutsche Wespe *(Vespula germanica)* und Gemeine Wespe *(Vespula vulgaris)* sind Kurzkopfwespen. Nur sie machen uns Essen und Trinken streitig!

Schwarz-gelbe Wespen mit langen, auffälligen, orangefarbenen Beinen hingegen sind friedfertige Haus-Feldwespen *(Polistes dominula)*. Sie gehören zur Gruppe der Feldwespen (Polistinae).

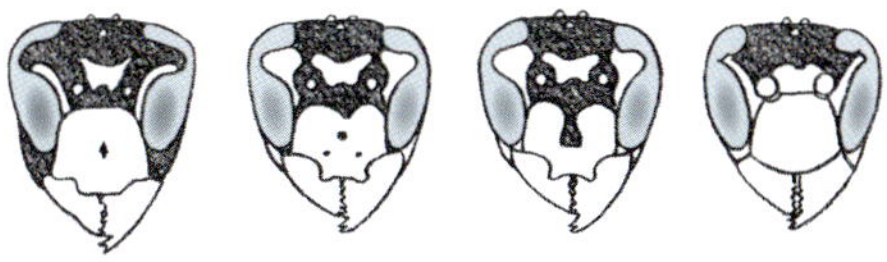

Von links nach rechts: Sächsische Wespe, Deutsche Wespe, Gemeine Wespe, Hornisse

Haus-Feldwespe mit langen orangen Beinen und leuchtend orangen Fühlern

Hüllenloses und gestieltes Nest der friedfertigen Haus-Feldwespen

Schließlich gibt es viele weitere Wespenfamilien mit Arten, die in den unterschiedlichsten Farben glänzen: von Grün über Blau, Rot bis Schwarz. Meist sind sie kleiner, völlig ungefährlich und bleiben fast immer unbeachtet.

Gefährliches Fuchteln

Viele Menschen reagieren hysterisch, wenn ein Insekt auf sie zufliegt: Erwachsene fuchteln herum, Kinder kreischen. Ausgangspunkt dieser Reaktion ist die Angst vor einem Stich, der bei einigen Menschen zu starken allergischen Reaktionen führen kann. Das Herumfuchteln macht die Wespen jedoch nervös und aggressiv. Erwachsene, die ruhig hinschauen, gut beobachten und dann die richtigen Maßnahmen treffen, sind das richtige Vorbild für Kinder.

Großes Nest der Gemeinen Wespe in dunkler Gebäudenische. Und sein Innenleben: zuoberst die ältesten Waben, unten die jüngsten.

Kleine, frei hängende Nester werden von unauffälligen und harmlosen Wespen bewohnt. Hier ein Nest der Sächsischen Wespe.

So erkennt man sie

Schwarz-gelbe, flugfähige Insekten mit starker Einschnürung zwischen Vorder- und Hinterkörper (Wespentaille). Linsenförmige, große Augen auf beiden Seiten des Kopfes.

Begrüßung zweier Feldwespen. Die Wespentaille ist sehr gut erkennbar.

Aus dunklen Ecken und Erdlöchern an den Tisch

Am Tisch begegnen uns primär die Deutsche und die Gemeine Wespe. Beide Arten bevorzugen Dunkelheit für ihre Nester, die in eine Schutzhülle eingepackt sind: Sie werden meist in Erdlöchern angelegt. Die Gemeine Wespe nutzt an Häusern auch dunkle Dachböden, hohle Wandverschalungen oder Rollladenkästen. Ihre Nester sind gelblich und mindestens auf einer Seite fest mit der Umgebung verbunden. Die Nester der Deutschen Wespe sind gräulich.

Im Laufe des Jahres

Eine begattete Jungkönigin, die den Winter überlebt, wählt im zeitigen Frühjahr einen geeigneten Platz für den Nestbau. Nester aus den Vorjahren werden nicht mehr bewohnt.

Sie baut den Neststiel, die ersten Zellen und eventuell den Ansatz der Schutzhülle. Jetzt folgt bereits der Bau der ersten Waben. Nun werden ihre Eier von Spermien der letztjährigen Männchen befruchtet. Die Eier legt sie in die Zellen ab.

Die Larven füttert sie mit Insekten und anderen Kleintieren. Zudem gibt sie einen Duftstoff (Pheromon) ab, der die Larven zu unfruchtbaren Arbeiterinnen werden lässt. Diese übernehmen circa ab Anfang Juni ihre Arbeit. Die Arbeit wird aufgeteilt: Es gibt Wespen, die Nest und Waben bauen, andere pflegen die Larven, wieder andere regulieren die Temperatur (fächeln, mit Wasser besprengen) oder jagen draußen die Insekten oder bringen süßen Saft. Schließlich gibt es noch die Dienerinnen der Königin.

Je nach Temperaturen und Regenperioden entwickeln sich die Staaten im Laufe eines Jahres unterschiedlich – tiefe Temperaturen und viel Regen bewirken kleine Staaten.

Im August/September werden einige der letzten Larven junge, fortpflanzungsfähige Weibchen. Aus den Eiern, die von der Königin nicht befruchtet werden, entstehen männliche Wespen: die Drohnen. Diese kopulieren mit den Jungköniginnen. Die alte Königin und das Wespenvolk sterben Ende August oder im Herbst. Die Jungköniginnen verkriechen sich zu Beginn des Winters an geschützten Orten.

Zuckersaft für die Großen – Insektenportionen für die Kleinen

Wespen leben von Nektar und Pollen der Blüten, zuckerhaltigen Säften von Früchten, von Bäumen und Läusen. Etwa 20 Prozent der Blüten werden von Wespen bestäubt. Für die Jungenaufzucht jagen Wespen andere Insekten und Kleintiere.

Die Wespen im Innendienst betteln die des Außendienstes an, worauf diese süße Tropfen herauswürgen und abgeben.

Große Wespenstaaten fressen in einer Woche Tausende von Fliegen, Mücken, Bremsen und anderen Insekten und Kleintieren. Sie überfallen sie im Gras, an Sträuchern und Bäumen. Finden Wespen eine tote Maus oder anderes Aas, schneiden sie Fleischstückchen heraus, die sie ebenfalls ihren Larven verfüttern.

Gemeine Wespe auf einer Efeu-Blüte süßen Saft labend

Bindung an ein Haus: eng; Nest, Mitte April bis August/September
Anwesenheit im Gebiet: Frühling bis Herbst, junge Königinnen überwintern
Aktionsradius um Brutplatz während Brut und Aufzucht: 50–5000 m (!)
Nest: aus «Papier» (durchgespeichelte Holzfasern), **Brutbeginn:** ca. Mitte Mai,
Schlüpfen: ab Anfang Juni, Höhepunkt August, **Ausfliegen der Arbeiterinnen:** ab Anfang Juni
1 Staatengründung pro Saison, Feldwespen eventuell mit 2 Generationen
Körperlänge: 0,5–2 cm

Ausschnitt aus Wespen-Waben (Gemeine Wespe). Obere Reihen mit jungen Larven; mittlere Reihe mit älteren Larven, die noch gefüttert werden; untere Reihen: gedeckelte Zellen, jetzt verpuppen sich die Larven zu Wespen.

Brutamphoren der Orientalischen Töpferwespe *(Sceliphron curvatum)* in einem Dachstock. Mitte: Abgebrochene Amphore, in der gesammelte und gelähmte Spinnen (Larvennahrung) sichtbar sind.

Insektengitter halten Vögel fern und keine Wespen

Lochbleche und Gitter, die am Dachrand montiert werden, werden manchmal als Insektengitter bezeichnet. Doch für Wespen bleiben genügend Öffnungen vorhanden, um in das Dach zu gelangen.

Auch den Dachstuhl bedrohende Insekten wie Gewöhnlicher Nagekäfer (*Anobium punctatum*, Holzwurm) oder Hausbock *(Hylopterus bajulus)* werden nicht abgehalten, denn sie sind so klein, dass sie leicht durch die Löcher gelangen. Was Insektengitter leider bewirken, ist das Ausgrenzen von Vögeln wie auch Fledermäusen.

Nester der heimischen Hornisse weisen viele Ausgänge bzw. Belüftungskanäle auf.

Besser als ihr Ruf – die Hornissen

Wie die meisten Wespen lassen uns auch die Hornissen in Ruhe. Sie jagen ebenso Insekten, lecken Süßigkeiten und fressen Aas. Ab einer Distanz von ca. 6 m vom Nest sind Hornissen sehr friedfertig. Sie stechen nur, wenn sie in große Bedrängnis geraten. Ihr Gift ist nicht stärker als das von den anderen Wespen – eher sogar schwächer.

Der gelbe Hinterleibsteil und der gelbe Kopf sind Erkennungsmerkmale der heimischen Hornisse.

Vorsicht ist im Bereich um das Nest geboten. Das heißt aber nicht, dass jedes Subjekt, das näher als 6 m herankommt, sofort angegriffen wird. Verhält man sich ruhig, geschieht nichts. Werden anfliegende Hornissen stark irritiert oder wird gar das Nest berührt, alarmieren die Wächterinnen die anderen Hornissen und es kann ein Angriff erfolgen. In jedem Fall wird man attackiert, wenn man das Nest erschüttert. Dann gilt es, sich sofort zu entfernen.

In vielen Regionen sind Hornissen und ihre Nester gesetzlich geschützt.

Gutes Einvernehmen

Je nach Jahreszeit unterscheiden sich die Maßnahmen. Falls alte Wespennester an zugänglichen Orten stören, entfernt man sie bis März/April und wäscht den Anhaftpunkt mit Seife. Im Mai kann die Nestgründung im Haus verhindert werden: Man hält Ausschau, ob einzelne Wespen das Haus anfliegen und irgendwo eine Öffnung nutzen. Mit dem Fernglas lässt sich feststellen, ob es sich um harmlose Feldwespen handelt (lange, orange Beine). Ist es keine Feldwespe, versucht man, eine Zoom- oder Nahaufnahme des Kopfes zu machen, um die Art zu bestimmen. Handelt es sich um Gemeine Wespen oder Hornissen – die einzigen Arten, die man nicht in unmittelbarer Nachbarschaft haben möchte –, verstopft man den Eingang (zum Beispiel mit einem in Petroleum getränkten Lappen).

Im Sommer meidet man die Nähe der Nester. Muss man trotzdem nah ran, gilt Folgendes:

- Erschütterungen des Nestes vermeiden
- Anflugroute nicht verstellen
- Ruhig bleiben, langsam bewegen
- Zu zweit sein (für etwaige Hilfe)
- Falls ein belegtes Nest über einem Fenster liegt: Fliegengitter montieren
- Falls ein belegtes Nest umgesiedelt werden muss: Fachperson holen

Im Hochsommer beugt man am Picknick-Tisch mit verschiedenen Maßnahmen vor:

- Gelassen bleiben, Vorbild für Kinder sein
- Fliegt eine Wespe vor das Gesicht: Nase und Mund mit der Hand zudecken
- Mit Trinkhalm aus Flasche, Dose oder Glas trinken
- Kinderwagen zudecken
- Keine Kosmetika und Parfüms verwenden
- Helle Kleider tragen
- Früchte und Fleisch sowie Abfallkörbe zudecken, Fallobst entfernen
- Reste von Süßigkeiten vom Mundbereich abwischen
- Eventuell Ablenkfütterung anbieten oder Tiere abfangen und später freilassen

Wird man gestochen, kühlt man den Stich und bewegt sich nur mehr wenig. Fenistil oder ein Hausmittel können aufgetragen werden. Gleichzeitig beobachtet man die gestochene Person (treten Übelkeit, Schwindel, Schwellung auf?). Bei Übelkeit und Schwächegefühlen, Rötungen an anderen Hautstellen als beim Einstich sofort einen Arzt konsultieren. Allergiker spritzen sich ihr Gegenmittel oder lassen sich sofort zum Arzt bringen.

Mauerspinnen

Die Fassaden mancher Häuser sind stellenweise mit dunkleren Flecken überzogen, als hätte jemand einen dreckigen Tennisball gegen diese Wand geprallt. Was man hier sieht, sind durch Staub und Ruß verschmutzte, handtellergroße, fast kreisrunde Spinnennetze, angelegt von der winzigen Mauerspinne *(Dictyna civica)*. Sie gehört zu den Kräuselspinnen. Der fantastische Spinnapparat dieser Spinnengruppe schafft feine gekräuselte Fäden. Kleine Fliegen, Milben, andere Spinnen verheddern sich darin und kommen nicht mehr frei.

Mauerspinnen lieben wärmere Gegenden, Trockenheit sowie Stellen, die Insekten garantieren. Mit der Erwärmung des Klimas vergrößert sich ihr Ausbreitungsgebiet gegen Norden. Am häufigsten leben sie unter regensicheren Vordächern und Fassadenvorsprüngen und in der Nähe von Nahrung sichernden Lichtquellen.

So erkennt man sie

Sehr klein, fast schwarz. Als kleiner Punkt im Seidengeflecht des Netzes erkennbar. Hinterkörper oval rund, etwa doppelt so lang und breit wie der Vorderkörper. Oft in Rückzugskammer circa in der Mitte des Netzes versteckt.

Spinnennetze von Mauerspinnen im regengeschützten Bereich heller, nachts beleuchteter Wände bzw. um eine regengeschützte Wandleuchte herum

Haben Sie's gewusst?
Kräuselspinnen produzieren die feinsten Fäden, die es in der Natur gibt: Ihre Kräuselfäden, die einen dickeren Achsenfaden umgeben, sind 0,00002 mm dick. Eine Spinne kann mit ihren Spinnspulen und Spinnwarzen verschiedene Fadentypen erzeugen und bearbeiten: Seide zur Befestigung, Seide als Schleppleinen, Seide als Luftfahrzeug, Seide für Eierkokons, Seide, um Beute einzuwickeln, und Seide mit Leimauftrag.

Aufenthalt an bestimmtem Gebäude: ganzjährig
Aktionsradius um Wohnplatz: 5 cm
Kokon mit Kleinspinnen
Körperlänge: 2–3 mm

Mauerspinne auf dem Weg in ihr Wohnquartier. Auf dem zentralen Gespinst liegt die Haut eines Männchens (Häutung).

Gutes Einvernehmen

Die Mauerspinnen sind absolut harmlos und bleiben draußen an den Fassaden, wo sie Insekten fangen. Ist eine Fassade oder ein Fassadenteil stark verunstaltet, können folgende Maßnahmen getroffen werden:

- Reduzieren von Beleuchtung und Anstrahlung der Fassade vermindert den Insektenanflug und verringert die Nahrungsbasis für die Spinnen, sodass einige den Standort aufgeben (von Fassade wegdrehen bzw. Bewegungsmelder).
- Streichen der stark befallenen Fassadenteile mit einer dunkleren Farbe bewirkt, dass die Netze schlechter zu sehen sind und dass weniger Insekten an diese Bereiche fliegen. Damit verringert sich das Nahrungsangebot für die Spinnen.
- Regelmäßiges Abspritzen mit Wasser beseitigt die verstaubten Netze und veranlasst einige Spinnen, den Standort aufzugeben.
- Auch Abbürsten bringt vorübergehende Besserung.
- Gezieltes Hochziehen einer Fassadenbegrünung bietet eine elegante Lösung.

Eine zierliche Mauer- oder Kräuselspinne an einer Hauswand auf Brautschau

3 Säugetiere

Rauhautfledermaus

Fledermäuse

Fledermäuse sind nachtaktiv und für uns kaum wahrnehmbar. Ihre Verstecke haben sie in Gebäudespalten und in Dachstöcken oder unter abstehenden Borken und in Baumhöhlen. Im Sommer suchen die Tiere warme, trockene Quartiere, im Winter eher feuchte, mit konstant kühlen Temperaturen in Höhlen und Stollen. Sie leben meist mit uns zusammen, ohne dass wir es wissen.

In und an Häusern finden Fledermäuse ein reiches Spektrum an Spalten und Hohlräumen, wobei jede Fledermausart unterschiedliche Ansprüche an ihr Quartier hat. Zwergfledermäuse *(Pipistrellus pipistrellus)* beispielsweise suchen enge Spalten, die sie allein oder in Gruppen nutzen, und kleine Hohlräume, um ihre Jungen in sogenannten Wochenstuben aufzuziehen. Andere suchen große, höhlenartige Räume. Solche Räume finden sie beispielsweise in nicht ausgebauten, ungedämmten Dachstöcken. Dort hängen sie entweder frei an Ziegellatten und Dachbalken (zum Beispiel Hufeisennasen *Rhinolophus* spec., Mausohren *Myotis* spec.), verkriechen sich hinter Dachbalken (zum Beispiel Langohren *Plecotus* spec.) oder quetschen sich zwischen Mauer und Dach (zum Beispiel Breitflügel- *Eptesicus serotinus,* Zweifarben- *Vespertilio murinus* oder Mopsfledermaus *Barbastella barbastellus*).

Weißrandfledermäuse schauen aus einer Spalte heraus.

Viele Arten nutzen in der Nacht den Siedlungsraum intensiv und jagen im Dunkeln unbemerkt über unseren Köpfen nach Insekten.

Mehrere Arten fliegen – ähnlich wie Zugvögel – vom Sommer- in den Winterlebensraum einige Hundert Kilometer. So überwintern beispielsweise Rauhautfledermäuse *(Pipistrellus nathusii)* und Abendsegler *(Nyctalus noctula)* aus dem Baltikum in Höhlen in Mitteleuropa oder im Mittelmeergebiet.

Fledermaus ist nicht gleich Fledermaus

Jede Fledermausart hat ihr typisches Flugmuster, ihre typischen Ausflugszeiten und ihren bevorzugten Jagdlebensraum. Zwergfledermäuse fliegen oft im Zickzack. Rauhautfledermäuse patrouillieren meistens vor Hecken und Waldrändern. Große Abendsegler jagen ziemlich geradlinig über offenen Flächen und auf der Höhe von Baumwipfeln, um zwischendurch im Sturzflug ein Insekt zu erhaschen. Wasserfledermäuse *(Myotis daubentonii)* fliegen knapp über stehenden und langsam fließenden Wasseroberflächen. Abendsegler und Weißrandfledermäuse *(Pipistrellus kuhlii)* verlassen ihr

So erkennt man sie

März bis Frühherbst: an warmen Tagen im hellen Abendlicht und in der Dämmerung. Tiere mit schnellem, ununterbrochenem Flügelschlag und je nach Art Zickzack- oder geradlinigem Flugmuster. Fledermaus-Kotkrümel: dunkles, 1–2 cm langes, gegliedertes Würstchen. Zerreibt man es zwischen den Fingern, zerfällt es in Staub (Chitinteilchen). (Mäusekot hingegen ist hart, faserig und kann nicht zerrieben werden.)

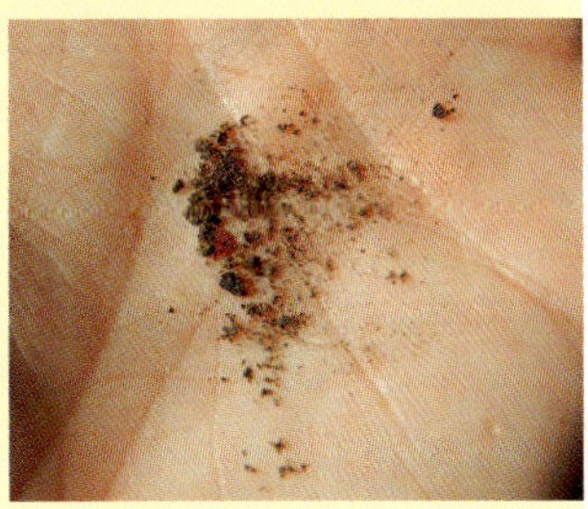

Der Fledermaus-Kotkrümel-Test: Ob der Krümel im Bild oben von einer Fledermaus stammt, testet man mit den Fingern. Lässt er sich leicht zwischen zwei Fingern zerreiben und sieht dann aus wie im Bild unten, stammt er höchstwahrscheinlich von einer Fledermaus.

Langohr beim Einflug in einen Dachboden

Versteck in der Regel schon während der Dämmerung. Mausohren und Wasserfledermäuse tun dies erst nach dem Eindunkeln. Bechsteinfledermäuse *(Myotis bechsteinii)* fliegen bevorzugt in straucharmen Wäldern mit hochstämmigen Bäumen. Langohren schnappen sich im Rüttelflug sitzende und schlafende Insekten von Blättern. Mausohren landen zum Erbeuten von Laufkäfern am Boden.

Die meisten scheuen Licht (siehe Abschnitt «Feinde und Fallen»). Ausnahmen sind Zwerg- und Mückenfledermäuse *(Pipistrellus pygmaeus)*, die regelmäßig im Lichtkegel von Straßenlaternen Insekten nachstellen.

Feinde und Fallen

Zu den natürlichen Feinden der Fledermäuse gehören Marder, Falken und Eulen. Für Fledermauskolonien ist es fatal, wenn Marder in eine Wochenstube eindringen. Erstens erbeuten die Marder viele Fledermäuse, zweitens werden solche Quartiere danach von Fledermäusen meist mehrere Jahrzehnte gemieden. Im Siedlungsraum fallen Fledermäuse sehr oft Katzen zum Opfer.

Als Fallen entpuppen sich senkrechte, glattwandige Regenfallrohre, die oben offen sind. Fledermäuse rutschen hinein und kommen nicht mehr raus. Ist das Regenfallrohr oben mit einem Laubsieb versehen, kann die Fledermaus nicht hineingeraten. Gelegentlich werden Fledermäuse beim Ausflug aus dem Quartier von darunterliegenden Taubenspikes aufgespießt. Auch Taubenabwehrnetze können zu Fallen werden, insbesondere solche, die waagrecht über Innenhöfe gespannt sind. Fledermäuse können diese Netze von oben durchfliegen, nicht aber von unten. Sie werden dadurch gefangen.

Lichtbänder als Hindernisse für Fledermäuse

Durch Soziallaute locken sie weitere Fledermäuse an, sodass schließlich viele Fledermäuse im Innenhof gefangen sind. Versieht man diese Netze mit einfachen Möglichkeiten, sie zu öffnen, können die Fledermäuse leicht befreit werden. Oder man verzichtet ganz auf Netze über Innenhöfen.

Eine andere Lebensraumeinschränkung entsteht durch beleuchtete Straßen und Wege außerhalb der Siedlungen, denn sie wirken wie Mauern. Wasserfledermäuse meiden Wasserflächen entlang beleuchteter Wege oder Straßen. Auch andere Arten (zum Beispiel Kleine Hufeisennase, Mausohr) fliegen nicht durch Lichtkegel und über indirekt beleuchtete Flächen. Im Licht zu fliegen, ist ihnen zu gefährlich, da sie dort von Feinden entdeckt werden können. Die durch Straßenbeleuchtung erzeugten Lichtbänder hindern sie zum Beispiel daran, von ihrer Wochenstube zu guten Jagdbereichen zu gelangen. Darum ist es außerorts, aber auch an ausgewählten Stellen innerorts wichtig, Dunkelräume und Dunkelkorridore zu erhalten bzw. zu schaffen und darin Lichter und Lichtstrahlen zu vermeiden.

Haben Sie's gewusst?
Die Paarung der Fledermäuse findet im Herbst oder gar im Winter (während kurzer Wachphasen) statt, die Befruchtung der Eier aber erst im Frühling. Die Weibchen bewahren hierzu die Spermien der Männchen in einer speziellen Tasche in ihrem Körper auf. Wenn im Frühling der Eisprung erfolgt, befruchten Spermien aus dieser Tasche das Ei. So können die Weibchen im Frühling ausgeruht und ohne Balz- und Werbestress in die Tragzeit starten.

Mit und ohne Echoortung und Ultraschall

Fledermäuse haben sich auf das Leben in der Luft und im Dunkeln spezialisiert. Im Dunkeln orientieren sie sich mit Ultraschall-Echoortung, auch ihre Beute finden sie damit. Beutetiere werden mittels Ultraschall-Echoortung identifiziert und lokalisiert. Fledermäuse sind jedoch nicht blind – so orientieren sich Abendsegler großräumig mit den Augen. Beutetiere werden zudem kurz vor dem Ergreifen mit den Augen fokussiert. Auch beim Endanflug der Einflugöffnungen in ihre Quartiere orientieren sie sich oft mit den Augen. Ebenso fliegen sie ohne Echoortung auf regelmäßig und häufig genutzten Flugwegen und -routen.

Wochenstuben – gefährdete Orte

Wochenstuben nennt man Quartiere, in denen sich Weibchen zusammenfinden, um ihre Jungen zu gebären und aufzuziehen. Die meisten Fledermausarten bringen in der Regel ein Junges pro Jahr zur Welt. Nur bei Zweifarbfledermaus und Großem Abendsegler sind Zwillingsgeburten normal. Die Mütter platzieren die noch nicht flugfähigen Jungtiere von ihrem Fell an einen Hängeplatz, bevor sie nachts zur Jagd ausfliegen.

Weibchen der Kleinen Hufeisennase *(Rhinolophus hipposideros)* mit einem schon großen Jungen am Bauch (hängt kopfüber).

Wochenstubenquartiere müssen warm, trocken und zugluftfrei sein. Je nach Art kann eine Wochenstube aus einigen Dutzend (zum Beispiel Wasserfledermaus, Langohren) bis mehreren Hundert (zum Beispiel Kleine Hufeisennase, Mausohren) erwachsenen Weibchen bestehen. Geeignete Wochenstubenquartiere werden in der Regel viele aufeinanderfolgende Jahre genutzt. Auch andere Quartiere (Männchen-, Sommer- und Zwischensaisonquartiere) werden immer wieder aufgesucht (allerdings oft täglich gewechselt). Manche Arten haben sehr spezifische Ansprüche an ihr Wochenstubenquartier: Geht eines verloren, kann kaum ein Ersatz gefunden werden, was zum Niedergang der Art führt.

Die Männchen haben bei der Jungenaufzucht keine Funktion und sammeln sich in Männchenquartieren oder nutzen Einzelquartiere.

Intensiver Aufenthalt im Gebäude: Wochenstube, März bis Herbst; Winterquartier, November bis März
Anwesenheit im Gebiet: ganzjährig, wechselnde Arten und Individuen
Aktionsradius um Quartier während Aufzucht: 100 m bis 50 km
Aufzucht in Wochenstuben: von Mai bis Juli
Selbstständigkeit der Jungen: je nach Art Juli, August oder Herbst
Körperlänge: 3–8 cm, **Flügelspannweite:** 18–42 cm, **Gewicht:** 3–40 g, je nach Art

Wenn Fledermäuse ein Haus nutzen

Offene Dehnungsfugen als Tagesversteck für Fledermäuse: Guano in einer Dehnungsfuge – hier liegt er nahe an der Fassadenoberfläche.

Alle Fledermausarten sind streng geschützt. Ihr Bestandsrückgang ist nur zu stoppen, wenn ihre Quartiere bekannt sind. Treffen Hausbesitzer:innen oder Baufachleute bei ihrer Arbeit auf Fledermäuse oder Fledermausspuren in Ritzen und Spalten, unter Ziegeln oder am Dachstuhl, sollten sie sich durch Fledermaus-Fachpersonen beraten lassen. Einen Hinweis auf Fledermausquartiere geben nicht nur Fledermaus-Kotkrümel am Boden, sondern auch an der Fassade. Beim Endanflug der Einflugöffnung scheiden die Tiere manchmal einen Kotkrümel aus, der dann an der Fassade hängen bleibt. Wird das Quartier von mehreren Tieren bewohnt, kleben manchmal mehrere bis ein Dutzend kleine Kotkrümel an der Fassade.

Vielerorts ist der Fledermausschutz gut organisiert und stellt entsprechend ausgebildete Fachpersonen zur Verfügung: zum Beispiel der NABU in Deutschland, die Koordinationsstelle für Fledermausschutz und -forschung in Österreich (KFFÖ) und die Stiftung Fledermausschutz in der Schweiz.

Fledermausquartier-Hinterlassenschaften unter der Verblechung eines Kaminsockels. Einschlupf könnte der Spalt zwischen Wellblech und -eternit gewesen sein oder unter dem Blechfalz am Kamin liegen.

Gutes Einvernehmen

Fledermäuse leben meist unbemerkt in unserer Nähe – das einzig Auffallende können die Kotkrümel oder Urintropfen sein, die sie hinterlassen. Die Bausubstanz bleibt von Kotkrümeln und Urintröpfchen unbehelligt. Bei Dachstock-Wochenstuben mit mehreren Hundert Individuen können allerdings pro Jahr beträchtliche Kotmengen zusammenkommen.

- Fallen Kotkrümel entlang der Fassade auf Balkon oder Gartensitzplatz oder auf das Fenstersims bzw. zu Boden, können an diesen Stellen Blumenkästen aufgestellt werden; die Pflanzen erhalten dann besten Dünger. Der Kot besteht ausschließlich aus trockenen, chitinreichen Resten der gefressenen Insekten.
- Um im Dachstock den Boden zu schonen, legt man Bahnen aus Baustellenplastikfolie aus. Die Kotkrümel wischt man nach Abschluss der Wochenstubenzeit im September/Oktober weg und nutzt ihn als guten Dünger für Gartenblumen.
- Sollten an einer Stelle der Fassade Urinspuren sichtbar sein, bringt man etwa 10 cm unter der Austrittsstelle eine schlanke, waagrechte Zierleiste mit einer Tropfnase an, von der dann die Tropfen frei zu Boden fallen. Oder die Fassade wird mit einer gelblichen oder weniger hellen Farbe gestrichen, wodurch die feinen Striemen weniger gut sichtbar sind.
- Ein-/Ausflugöffnungen zu Fledermausquartieren werden bei Neuschaffung nicht über Fenstern, Türen, Balkonen platziert, um etwaigen Konflikten durch Kotkrümel vorzubeugen.
- Fliegen wiederholt Fledermäuse durch ein offen stehendes oder gekipptes Fenster in ein bestimmtes Zimmer, hilft das Abspannen des Fensters mit einem Mückennetz. Soll es geöffnet werden können, befestigt man das Netz an einem beweglichen Rahmen. Bei vielen Rollladenmodellen kann ein Mückengitter integriert werden, das man ab Dämmerung entrollen kann.

Die meisten Einflüge in ein Zimmer geschehen im Spätsommer, wenn noch wenig geübte Jungtiere ihren Müttern nachfliegen und nicht rechtzeitig vor offen stehenden Fenstern abdrehen können oder wenn Fledermäuse auf der Suche nach neuen Quartieren gekippte Fenster mit Fassadenspalten verwechseln. Ist eine Fledermaus im Zimmer, hilft es meist, alle Fenster zu öffnen, die Zimmertüre zu schließen und bis in die Morgenstunden zu warten.

Falls das Tier verletzt oder erschöpft wirkt (zum Beispiel eine halbe Stunde lang liegen bleibt), eine Fledermaus-Pflegestation kontaktieren.

Fledermäuse greift man nur mit Handschuhen an, um sich vor Bissen (und Krankheiten – in sehr seltenen Fällen kann eine Fledermaus mit Tollwut infiziert sein) zu schützen. Die Fledermäuse werden vorsichtig am Körper festgehalten; Rippen und vor allem Flügelknochen sind sehr dünn und können leicht brechen. Flugunfähige Fledermäuse kommen zu Tode.

Fledermäuse im Dachstock – eine Sache für Expert:innen

Kleine Hufeisennasen frei hängend an Dachbalken

Bei der Sanierung von Dachstöcken mit Fledermäusen sind zwingend Expert:innen und die Naturschutzbehörde heranzuziehen. Will man einen Dachstock für Fledermäuse herrichten, ist ebenfalls der Rat von Fledermaus-Fachleuten hilfreich. Diese finden die richtigen Lösungen für:

- die Einflugöffnung
- die etwaigen Krabbelwege
- die Ausgestaltung des Dachstocks (die Fledermausarten haben unterschiedliche Ansprüche)
- das zusätzliche Anbringen von Spaltenquartieren im Dachstock
- das Verwenden von Holzelementen (Balken, Bretter), die bereits von Fledermäusen genutzt wurden (Geruchsspuren)
- die Abgrenzungen von Teilen des Dachstocks gegen menschliche Nutzung
- die Ausgrenzung von Mardern, Katzen und Tauben

Anforderungen einer Fledermaus an ein Spaltenquartier

Spalten bewohnende Fledermäuse nutzen enge Zwischenräume als Tageschlaf-, Nachtrast- oder Wochenstubenquartier, teilweise auch für den Winterschlaf. Folgende Anforderungen werden an die Spaltenquartiere gestellt:

- trockenes, zugluftfreies, ruhiges und dunkles Inneres
- Situierung an dunklem, nicht beleuchtetem Fassadenbereich
- Ein-/Ausflugsöffnung: Spalt von ca. 1,5–2 cm Höhe und mind. 10 cm Breite
- griffige Landestelle unterhalb oder seitlich der Ein-/Ausflugöffnung
- ungehinderter An-/Abflug vom Gebäude (viele Fledermausarten lassen sich beim Wegfliegen ca. 1–2 m tief fallen)
- Baum vis-à-vis des Quartiers von Vorteil (Insekten als schnell erreichbare Nahrung)

Mückenfledermäuse haben einen Fledermaus-Flachkasten bezogen (Blick von unten).

So geht's – Unterstützung von Spaltenfledermäusen

Erhalten und Erweitern: Viele Gebäude weisen konstruktionsbedingt Spalten auf, diese können belassen werden: Spalten unter Blechen an Brüstungen und Kaminfüßen, Spalten und kleine Hohlräume in Rollladenkästen oder unter Fenstersimsen, Spalten unter Fassadenbrettern oder unter Ziegeln.

Zudem können Spaltenquartiere an verschiedenen Stellen der Fassade neu geschaffen oder flache Fledermauskästen montiert werden. Sie sind nichts anderes als künstliche Spalten. Der Hohlraum (Spalte) der meisten Flachkästen misst unten ca. 20 cm Breite und 2,5 cm Höhe. Nach oben hin verengt er sich auf ca. 1 cm. So finden die unterschiedlich großen Fledermäuse eine Stelle, an der sie sich wohlfühlen. Nur von unten dringt etwas Licht und Luft ein.

Fledermaus-Spaltenquartiere können auch gestalterisch eingesetzt werden.

Hilfreich ist es, an einem Haus Flachkästen auf verschieden ausgerichteten Fassaden zu montieren. Damit schauen sie in verschiedene Himmelsrichtungen und werden über die Tages- und Jahreszeit unterschiedlich besonnt, sodass die Tiere tagsüber das Quartier wechseln können, falls es zu heiß oder zu kalt wird.

Werden verschiedene Spalten- bzw. Kastentypen angeboten bzw. montiert, erhöht dies die Chance auf eine Besiedlung. Einige im Handel erhältliche Fledermauskästen für Spalten bewohnende Arten sind so beschaffen, dass sie direkt in die Fassade bzw. in die Wärmedämmung eingelassen werden können. Es gibt auch Kästen, die als Winterquartier taugen.

Sanierungen: Expert:innen klären ab, wo die Quartiere genau sind und ob sie als Wochenstuben genutzt werden – durch Direktbeobachtungen, mit Sonnenlicht, das mittels Spiegeln in Spalten gelenkt wird, mit einer Endoskopkamera vom Baugerüst aus oder eventuell erst während der Arbeiten am Gebäude, beispielsweise wenn ein Dach abgedeckt oder eine Wandverschalung entfernt wird. Darum sollten Arbeiten außerhalb der Wochenstubenzeit stattfinden (Frühling oder Herbst).

Wie bei den verschiedenen Vogelarten kann die Sanierung tierbezogen organisiert werden und können die Zeitpläne entsprechend vorbereitet bzw. angepasst werden. (Siehe dazu auch Kapitel «Während der Sanierung».) Gelegentlich ist es notwendig, den Fledermäusen vorgängig den Zugang zum Quartier zu verwehren. Dies darf aber nur über die Naturschutzbehörde geregelt werden.

Maßnahmen für Fledermäuse können in Gebäude integriert werden, ohne sichtbar zu sein.

Fledermausbrett an Lukarnen-Seitenwand, geschützt durch Verblechung

Landestelle unterhalb eines Firstziegels. Der Zugang führt zu einem potenziellen Fledermausquartier. Auf die Unterdachbahn ist ein Fliegenschutzgitter (für Fenster) aufgebracht, damit sich die Fledermäuse halten können.

Lüftungsziegel können auch Fledermäusen Zugang zu Dachquartieren verschaffen. Manchmal entfernt man Noppen oder Gitter, damit der Zugang für Fledermäuse offen ist.

Die Spalte zwischen Dachunterkasten und Fassade ist offen gehalten, damit Fledermäuse in den Kasten gelangen können.

Fledermaus-Aufputzquartiere links und rechts einer (sanierten und nun geschlossenen) Dehnungsfuge in der Höhe, an der Fledermausguano in der alten Fuge festgestellt worden war. Um die Besiedlungswahrscheinlichkeit zu erhöhen, wurden zwei unterschiedliche Fabrikate montiert.

Neubau: Bei einem Neubau bildet oder montiert man Spaltenquartiere unterschiedlicher Art gemäß der Auflistung unter «Erhalten und Erweitern».

4 m langes Fledermausbrett, unterteilt in 50-cm-Abschnitte: links giebelseitig an einem Schrägdach, rechts im Oberkantenbereich eines Flachdachs

Unterputz-Spaltenquartiere mit unterschiedlich gestaltetem Ein-/Ausflug wurden an der gleichen Fassade platziert. Damit steigt die Wahrscheinlichkeit, dass zumindest eines besiedelt wird.

Öffnungen in den Dachraum können so gestaltet werden, dass Fledermäuse hineingelangen können, Tauben aber nicht, z. B. mit wackligen Gittern bzw. versetzten Brettern.

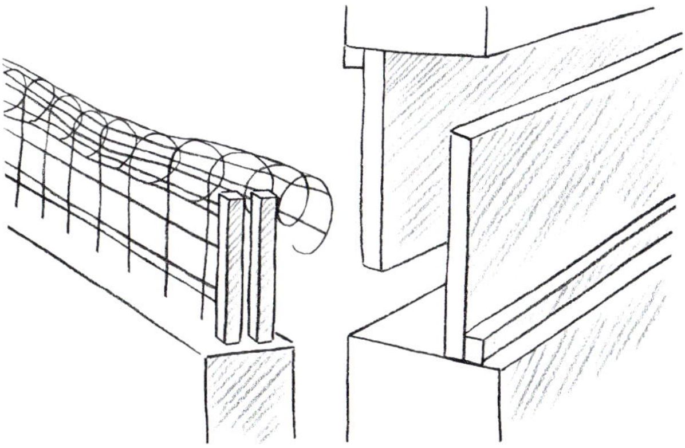

Maßgefertigtes Fledermaus-Spaltenquartier aus Holz, in der Fassadenfarbe gestrichen

Ganzjahresquartiere sind voluminöser und schwerer als Frühling-Herbst-Spaltenquartiere.

Aufputzquartier, in dessen Anflugschlitz Fledermausguano appliziert wurde, damit die Fledermäuse es schneller entdecken und annehmen.

Siebenschläfer

Der Siebenschläfer *(Glis glis)* gehört in der Ordnung Nagetiere zur Familie Schläfer (Gliridae). Synonyme für Schläfer sind Bilche und Schlafmäuse. Zur Familie Schläfer gehören auch Gartenschläfer, Baumschläfer und Haselmaus. Dieser nachtaktive Geselle hat nicht nur Krallen, mit denen er durch Baumkronen jagen kann, sondern auch ständig feuchte Füße. Drüsen befeuchten die Fußsohlen, sodass sie auf glatten Unterlagen besser haften. So erreichen Siebenschläfer gelegentlich auch über recht glatte Oberflächen einen Dachboden, den sie als Schlafquartier nutzen.

Siebenschläfer leben vor allem in Eichen- und Buchenwäldern sowie in Hochstammobstgärten, diese bieten Höhlen und Nahrung. In einigen Regionen kommen Siebenschläfer nicht oder nur selten vor, nördlich der Mittelgebirge Deutschlands sind sie nicht anzutreffen.

So erkennt man sie

Graues Tier mit buschigem Schwanz. Unterseite und Füße scharf abgegrenzt weiß. Gesicht geprägt von großen Knopfaugen und kurzen, abgerundeten Ohren. (Erinnert an eine Mischung aus Maus und Eichhörnchen.)

Acht Monate Winterschlaf

Angeblich erhielt der Siebenschläfer seinen Namen wegen seines sieben Monate dauernden Winterschlafs, jedoch dauert diese Ruhephase 5–10, oft 8 Monate, von Anfang September bis Anfang Mai. Weibchen erwachen etwa 4 Wochen nach den Männchen, Anfang Juni, aus dem Winterschlaf. Dies könnte damit begründet sein, dass das Weibchen sofort sehr nahrhaftes Futter für die Tragzeit benötigt und das Männchen vor der Paarung ein kleines Territorium erobert haben muss.

Für den Winterschlaf werden oft selbst gegrabene Erdhöhlen von weniger als 1 m Tiefe genutzt. Auch kühle Stellen in Gebäuden (Dachboden, Keller) können als Winterquartier dienen. Oft kugeln sich mehrere Siebenschläfer zusammen. Während des Winterschlafs verringert sich die Herzschlagfrequenz von ca. 300 auf 5 Schläge pro Minute und die Körpertemperatur fällt bis knapp über die Umgebungstemperatur ab. Ein innerer Messfühler vermeidet, dass die Körpertemperatur unter 0,2 °C sinkt. Der Winterschlaf wird von kurzen Aufwärm- und Aufwachphasen unterbrochen, in denen auch die Blase entleert wird. Lange und harte Winter können markante Populationseinbußen verursachen.

Sommerkinder

Die 4–7 (maximal 11) Jungen kommen meist im Hochsommer zur Welt. Sie sind blind, taub und nackt. Ihre Zehen sind noch verwachsen. Die ersten drei Wochen saugen sie ausschließlich Muttermilch. Ihre Augen sind in dieser Zeit noch geschlossen. Danach beginnen die Kleinen mit Ausflügen außerhalb des Nestes. Schon bevor der Winterschlaf naht, beginnen die Jungen, feste Nahrung zu sich zu nehmen. Innerhalb weniger Wochen müssen sie ihr Gewicht auf 60–80 g erhöhen, damit sie den kommenden Winter überleben können (Herbstgewicht erwachsener Tiere ca. 250 g). In dieser Zeit sind sie auf genügend fettreiche Nahrung angewiesen, beispielsweise Bucheckern, Eicheln, Haselnüsse.

Siebenschläferweibchen säugt seine Jungen. Typisch sind Eichenblätter als Nestpolsterung.

Bindung an ein Haus: eng; während Kinderstube
Anwesenheit im Gebiet: ganzjährig, **Aktionsradius um Aufzuchtort:** ca. 100–200 m
Tragzeit: 1 Monat, **Wurfzeit:** August bis Mitte September, 4–7 (max. 11) Junge
Säugezeit: 3–4 Wochen, **Selbstständigkeit der Jungen:** nach rund 1,5 Monaten
Körperlänge: 13–19 cm, **Schwanzlänge:** 11–15 cm, **Gewicht:** 70–180 g

Zeichen ihrer Anwesenheit

Meist werden die Menschen durch Geräusche auf den Mitbewohner aufmerksam – Rascheln, Poltern, Pfeifen und Quieken auf dem Dachboden ist zu hören. Manchmal verschwinden Vorräte oder Obst aus einer Obstschale. Es lassen sich typische Nagespuren oder bohnenförmiger Kot entdecken, bisweilen findet man auch eine Nestmulde, die mit grünen Blättern von Laubbäumen, zum Beispiel Buche oder Eiche, ausgelegt ist. In einigen Fällen aber zeigen Siebenschläfer vor dem Menschen wenig Scheu und könnten beinahe von Hand gefangen werden. (Achtung: Bisse!)

Siebenschläfer in einem Nebenraum

Haben Sie's gewusst?
Der bis zu 15 cm lange, buschig behaarte Schwanz hält den Siebenschläfer bei seinen meterweiten Sprüngen im Gleichgewicht. Gleichzeitig kann er zum Lebensretter werden. Wird er gepackt, löst sich seine Haut und der Siebenschläfer entkommt. Der gehäutete Schwanz trocknet ein, fällt ab und wächst dann wieder nach. Trotzdem: Siebenschläfer nie am Schwanz anfassen!

Anforderungen an einen (idealen) Lebensraum

- Als Aufzuchtort und Tagesverstecke werden trockene, geschützte und dunkle Verstecke wie Baumhöhlen, Nistkästen oder Winkel im Dachbereich von Geräteschuppen und Ähnlichem genutzt.
- Laubbäume wie Eichen und Buchen sowie blüten- und früchtereiche Hecken und Obstbäume sichern die Ernährung.
- Die Baumkronen müssen sich berühren, damit der Lebensraum nutzbar ist.
- Trockene, kühle Erdhöhlen und etwaige Kleingebäude bieten Überwinterungsplätze.

Siebenschläfer im Geäst eines Obstbaumes

Gutes Einvernehmen

Der Siebenschläfer ist eine schützenswerte und oft geschützte Tierart. Wenn Siebenschläfer keine Schäden verursachen, lässt man sie gewähren.

Kabel, die heil bleiben sollen, verlegt man in Rohre, Dämmmatten schützt man mit Hasengitter. Dinge, die nicht verschmutzt werden sollen, entfernt man.

Teile des Dachbodens, die absolut siebenschläferfrei gehalten werden sollen, schottet man mit gut schließenden Türen und Lochblechen über den Mauerkronen ab (siehe auch die Informationen im Kapitel «Steinmarder»). Bei der Wärmedämmung sind gepresste Materialien vorteilhaft, da flockiges und leicht zerteilbares Material von Siebenschläfern gern für den Nestbau verwendet wird.

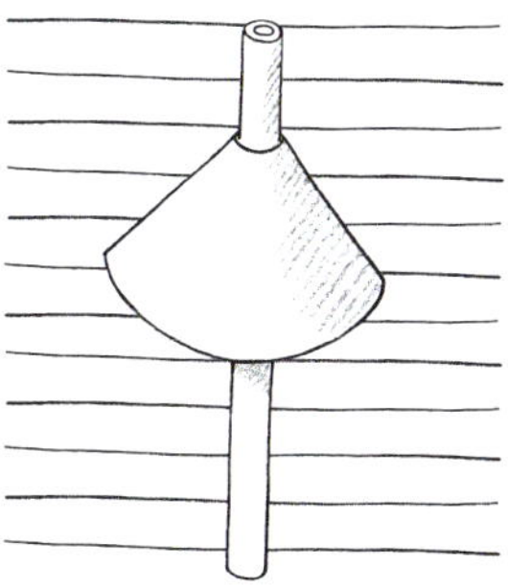

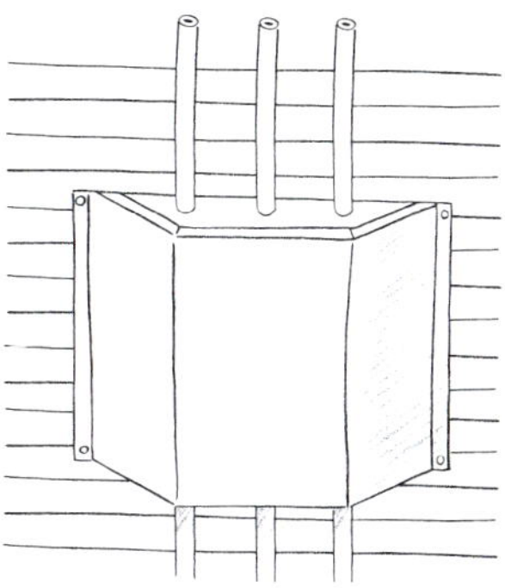

Vertreiben: Bevor Siebenschläfer vertrieben werden, bietet man ihnen außerhalb des Hauses spezielle Siebenschläfer-Nistkästen an, die es im Handel zu kaufen gibt. Ebenso versucht man beispielsweise mit einer Wildtierkamera herauszufinden, durch welche Dachöffnungen Siebenschläfer ein und aus gehen. Führt ihr Weg entlang von Hauskanten, nutzen sie Regenfallrohre oder kommen sie über einen Ast eines nahen Baumes? Falls sie Junge haben, wartet man mit der Vertreibung.

Es gibt verschiedene Geruchsquellen (Beizen, Lavendel, Eukalyptus, Möbelpolitur, Citronella usw.), die als «Hausmittelchen» zur Vertreibung von Siebenschläfern genannt werden. Dabei werden die Geruchsquellen so gesetzt, dass die Tiere zum Ein- und Ausgang gedrängt werden. Ultraschallgeräte und laute Musik haben sich als eher wirkungslos erwiesen. Der Erfolg hängt aber auch davon ab, wie viele Verstecke vorhanden sind und wie groß der Dachraum ist. Je größer er ist, umso schwieriger wird es.

Fangen und Aussetzen: Dazu empfiehlt sich, den Rat oder die Hilfe eines Wildhüters oder einer qualifizierten Schädlingsbekämpfungsfirma in Anspruch zu nehmen. Diese können auch über den Schutzstatus der Tiere und etwaige Bewilligungspflichten Auskunft geben. In der Schweiz beispielsweise sind die Siebenschläfer in mehreren Kantonen geschützt und dürfen nur mit Bewilligung eingefangen werden. Dies gilt auch in Deutschland.

Verlassene Siebenschläferquartiere «schließen»: Da Siebenschläfer (für uns nicht feststellbare) Duftmarkierungen auf ihren Pfaden hinterlassen, finden andere Siebenschläfer diese Quartiere und besiedeln sie. Will man keine Siebenschläfer mehr im alten Quartier, kann man Folgendes prüfen:

- Sind Siebenschläfer-Nistkästen an abseits stehenden Bäumen oder in dichten Sträuchern montiert?
- Reichen Baumäste näher als 1 m an das Haus? Führen Kletterpflanzen näher als 80 cm an den Dachrand?
- Gibt es offene Zugänge? Schließen alle Türen korrekt?
- Ist es möglich, Manschetten um Rohre und Blitzableiter zu montieren?
- Können Schornsteinöffnungen engmaschig vergittert werden (Absprache mit Schornsteinfeger)?
- Führen Lochbleche auf Mauerkronen zum Ziel? Man baut sie möglichst zurückversetzt ein, sodass Unterschlupfmöglichkeiten für Fledermäuse und Vögel erhalten bleiben.
- Können Schlitze, durch die Fledermäuse in den Dachstuhl gelangen, mit Metallrahmen umgeben werden? So können sie offen bleiben, ohne die Gefahr, von Siebenschläfern vergrößert zu werden.

Siebenschläfer blickt aus einem Nistkasten.

So geht's

Erhalten und Erweitern: Einige Tipps dazu sind bereits im Abschnitt «Gutes Einvernehmen» genannt worden. Mit speziellen Siebenschläfer-Kästen können Alternativen angeboten werden. Empfohlen wird, mehrere Kästen in einem Abstand von 15–20 m auf verschiedenen Höhen (von ca. 1,5–2,5 m) zu montieren. Dazu eignen sich (allenfalls efeubewachsene) Bäume und dichtere Büsche, die etwas abseits von Wegen stehen. Die Kästen sind so gestaltet, dass die Eingangsöffnung zum Baum hin zu liegen kommt.

Sanieren: Werden Häuser, Schuppen usw. mit Siebenschläfer-Quartieren saniert, versucht man – wie oben beschrieben – Alternativen mittels Siebenschläfer-Kästen anzubieten. Eine Begleitung durch einen lokalen Wildhüter ist sinnvoll.

Neubau: Siebenschläfer in einem Neubau anzusiedeln, ist eher schwierig. Voraussetzung ist, dass das Gebäude sehr nah bei einem Laubwald steht. Will man auf Siebenschläfer vorbereitet sein, gestaltet man einen Dachraum so, dass ein Zugang vorhanden ist und etwaige Kabel, Dämmungen usw. keinen Schaden nehmen können. Der Zugang darf nicht größer als 3,5 cm sein und sollte mit einem Metallring gesichert sein, sodass sich kein Steinmarder durchdrücken kann, der Siebenschläfer allerdings schon.

Steinmarder

Steinmarder *(Martes foina)* besiedeln Felslandschaften. In Mitteleuropa kommen sie vorwiegend in mittleren Lagen bis auf eine Höhe von 2400 m ü. M. vor. Sogar vom schweizerischen Jungfraujoch (3500 m ü. M.) gibt es einen Steinmardernachweis! Die «felsigen» Siedlungen und Städte geben daher einen idealen Lebensraum ab, hier finden die Tiere alles, was sie brauchen – gute Verstecke und Nahrung im Überfluss.

Allein unterwegs

Steinmarder sind Einzelgänger, die ein festes Revier für sich beanspruchen, in dem sie keine Rivalen dulden. Sowohl Rüden (Männchen) als auch Fähen (Weibchen) haben ihre eigenen Streifgebiete. Nur zur Paarungszeit suchen sie einander.

Die Nahrung des Steinmarders ist sehr vielseitig. Seine häufigsten Beutetiere sind Ratten und Mäuse, Tauben, kleinere Vögel, Insekten, Regenwürmer, aber auch Katzenfutter, Obst und Beeren werden nicht verschmäht. Nicht zur Nahrung gehören allerdings Plastik und Gummi, auch wenn er sich unter anderem an Autos zu schaffen macht.

Loseplatz eines Steinmarders

So erkennt man sie
Lang gezogener, katzengroßer, brauner Körper. Etwas schlanker und kürzere Beine. Langer Schwanz. Spitzer Kopf. Im Licht weißer Kehlfleck erkennbar.

Klettern kein Problem

Steinmarder erreichen einen Dachstock auf unterschiedliche Weise. Bei rauen oder begrünten Fassaden klettern sie einfach an der Wand hoch. Ein Baum oder ein flacher, an das Haus anschließender Gebäudeteil, eine Garage oder ein Fahrradunterstand können den Aufstieg erleichtern. Steinmarder springen bis zu 2 m weit. Als Einschlupfmöglichkeiten in den Dachboden dienen Mauerlöcher, Belüftungsschlitze, defekte oder offen stehende Dachfenster, anhebbare Dachziegel oder Ähnliches. Ein Lochdurchmesser oder eine Spaltenhöhe von 6–7 cm genügen.

Bindung an ein Haus: eng; während der Aufzuchtzeit
Anwesenheit im Gebiet: ganzjährig, **Aktionsradius um Aufzuchtort:** einige km
Tragzeit: insgesamt 8–9 Monate, effektiv 1 Monat, **Wurfzeit:** März/April, **Säugezeit:** 3 Monate
Gewicht: ca. 1–2,5 kg (Männchen größer und schwerer als Weibchen), **Kopf-Rumpf-Länge:** ca. 40–60 cm, **Schwanzlänge:** ca. 23–32 cm

Attraktive Dachstöcke

Steinmarder sind vor allem nach der Abenddämmerung bis nach Mitternacht unterwegs. Als Tagesversteck mögen sie besonders warme und trockene Dachstöcke, die wenig begangen werden. Beliebt sind diese auch für die Jungenaufzucht. Von April bis September können Steinmarder als «Poltergeister» für Ärger und schlaflose Nächte sorgen.

Die Jungen werden im März/April geboren. Die Befruchtung der Eizellen fand bereits im vorangehenden Sommer statt. Die befruchteten Eier durchlaufen eine Keimruhe und nisten sich erst im Februar in die Gebärmutter ein. Die Jungen tragen einen grauweißen Pelz, sind blind und etwa 30 g schwer. Während der folgenden sechs Monate werden sie von der Mutter aufgezogen, eine überdurchschnittlich lange Zeit.

Die Sinnesorgane der Steinmarder sind gut für das Nachtleben ausgebildet.

Anders als Siebenschläfer machen Steinmarder keinen Winterschlaf, sondern sind das ganze Jahr über aktiv. Mit den Duftdrüsen an Sohlen, Bauch- und Analbereich markieren sie ihre Wege und Plätze, sodass sie immer wieder hinfinden.

Haben Sie's gewusst?
Marder lieben dunkle, warme und trockene Orte. Deshalb wecken insbesondere Automotorräume ihr Interesse. Der Marder nimmt das neue Domizil in Besitz und hinterlässt Duftspuren – der Duft fährt mit dem Auto mit. Wird das Fahrzeug im Revier eines anderen Marders geparkt, ist die Gefahr groß, dass dieser durch den mitgebrachten Marderduft angelockt wird. Insbesondere Männchen reagieren dabei äußerst gereizt. Ihre Aggression lassen sie an maulgerechten Gummiteilen aus.

Gutes Einvernehmen

Schutz vor Marderschäden im Dachstock: Bauliche Abwehrmaßnahmen sind wirkungsvoller als akustische und geruchliche. Diese sind im Herbst auszuführen, wenn die Jungen weg sind. Es nützt nichts, die Tiere zu fangen (Wildhut) und wegzubringen, da das Revier gleich darauf neu besetzt wird. Der Nachfolger orientiert sich an den Duftspuren des Vorgängers.

Folgende Maßnahmen können helfen:

- Zugangsweg und Einschlupflöcher herausfinden (eventuell Kratzspuren, Trampelpfade) (Einsatz einer Wildtierkamera)
- Einschlupflöcher verschließen – dabei kurzfristig im Dachboden einen Fluchtweg für die Tiere offen lassen; dieser Fluchtweg wird verschlossen, sobald sicher ist, dass keine Tiere mehr im Dachboden sind.
- Manschetten an Regenfallrohren, Blitzableitern, Pfosten anbringen: etwa 70–100 cm lang, 2 m über dem Boden bzw. über dem Dach eines Anbaus (siehe auch Kapitel «Siebenschläfer»)
- Abhebbare Dachziegel fixieren
- Baumäste, die nahe ans Gebäude reichen, bis auf mindestens 2 m Abstand stutzen (Alternative bei Einzelbaum: (Katzen-)Manschette um den Stamm anbringen)
- Will man kleine Löcher, zum Beispiel für Siebenschläfer, offen lassen, wird ein Metallring um die Öffnung geschraubt, um zu verhindern, dass sie vom Steinmarder erweitert wird.

Teilschutz bieten folgende Maßnahmen:

- Einfassen von Wärmeisolation mit Maschendraht
- Plastik unter Mardertoiletten legen
- Kabel in Rohre verlegen

Attraktivität der Umgebung auf folgendem Weg verringern:

- Komposthaufen abdecken, keine Speisereste in den Kompost geben
- Keine Futterstellen für Haustiere im Garten einrichten
- Fallobst bald aufsammeln

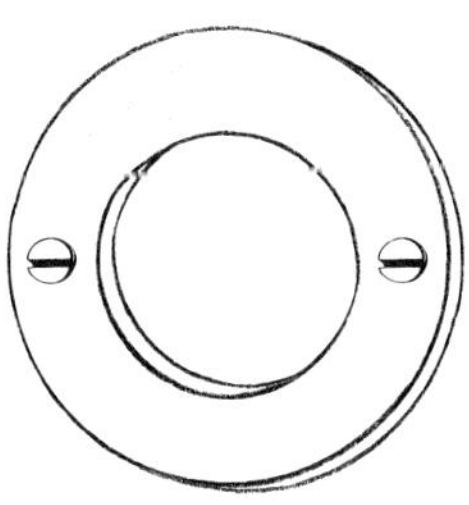

Vergrämen: Siehe dazu Informationen im Kapitel «Siebenschläfer». Wichtig: häufig etwas Neues anwenden.

Schutz vor Marderschäden an Autos: Berühmt-berüchtigt sind Marder vor allem wegen ihrer Vorliebe für Autokabel. Im Handel sind verschiedene Vergrämungsartikel erhältlich, die jedoch nicht alle die gewünschte Wirkung zeigen und sich nicht in jedem Fall bewähren. Unbedingt zu vermeiden sind Maßnahmen, die Steinmarder verletzen oder töten (Stromstöße). Folgendes kann helfen:

- Umgitterte Kühlerschläuche und mardersichere Kabelhülsen (auf dem Markt erhältlich) verwenden.
- Ein großes, loses, leicht bewegliches Maschengittergeflecht auf den Boden unter den Motorblock legen, Marder mögen diese schwankende Unterlage offenbar nicht.
- Bei Vorliebe für das Verbeißen von Scheibenwischergummis: über Nacht Plastikrohre über die Scheibenwischer stülpen.

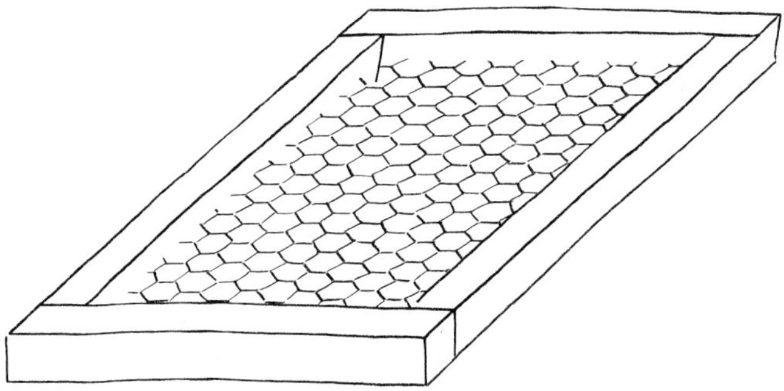

Hinweis: Steinmarder dürfen nie in einen Dachstock gelangen können, in dem eine Fledermauskolonie lebt, da sie diese dort jagen. Die überlebenden Fledermäuse würden dieses Quartier aufgeben. Ein neues Quartier zu finden, ist für sie aber sehr schwierig geworden.

Waschbär

Langsam, aber sicher breitet sich der ursprünglich aus Nordamerika stammende Waschbär *(Procyon lotor)* in Mitteleuropa aus. Ausgebrochen aus Pelztier-Zuchtanlagen und nach einigen Aussetzungen (um 1930) eroberte er in der Folge Dörfer, Städte, Häuser und Dachböden.

So erkennt man sie
Der Waschbär ist etwa so groß wie eine groß gewachsene Katze und hat ein graubraunes Fell. Charakteristisch ist seine Gesichtsmaske: Quer über die Wangen- und Augenregion verläuft eine schwarze Maske, die sich als dünnes Band in Richtung Stirn fortsetzt und oben und unten von weißlichem Fell eingerahmt ist. Der Schwanz ist weiß-schwarz quer gebändert.

Paradiesisch

Der riesige Nahrungsüberschuss und die vielen Versteckmöglichkeiten in Siedlungen und Städten bescheren auch ihm ein Paradies. Kassel ist in den letzten 20 Jahren als «Metropole der Waschbären» bekannt geworden: Bis zu 100 Waschbären leben dort auf 100 Hektar – über zehnmal mehr als in seinem angestammten Lebensraum.

Sozial

Anders als Steinmarder sind Waschbären oft in kleinen Gruppen unterwegs. Sie sind sehr geschickt im Umgang mit Abfallsäcken, Mülltonnen und Ähnlichem. Manchmal räumen sie Beeren und Früchte von Sträuchern und Bäumen radikal ab. Hier helfen Elektrozäune. Um ihnen den Zugang zu den Dachstöcken zu verwehren, trifft man die gleichen Maßnahmen wie beim Steinmarder. Allerdings ist darauf zu achten, dass Waschbären einen Dachstock häufig zu zweit oder in einer Kleingruppe nutzen. Hier muss also genau kontrolliert werden – gegebenenfalls mit Wildtierkameras –, ob bei Verschlussmaßnahmen wirklich alle Tiere draußen sind.

Unwiderstehlich für Waschbären: Abfalleimer!

4 Grünes

Grüne Fassaden

Noch breiter ist das Angebot für Tiere, wenn Fassaden dicht mit Wildem Wein, Efeu und Gemeiner Waldrebe begrünt sind. Sie bieten Nektar, Pollen und Früchte. Blätter dienen vielen Tierarten als Nahrung. Verstecke und Nistplätze entstehen, wenn die Kletterpflanzen voluminöser und dichter werden.

Kletterpflanzen leisten nicht nur einen Beitrag an die Artenvielfalt, sie schützen die Fassade auch vor starkem Regen und vor Hagel. Im Sommer verhindern sie, dass sich Fassaden massiv aufheizen (Schatten), gleichzeitig befeuchten sie die Luft im Nahbereich des Hauses, kühlen diese durch den Verdunstungsvorgang und begünstigen ein angenehmes und gesundes Mikroklima.

Somit ermöglichen Kletterpflanzen auf kleinstem Raum eine optische, klimatische und ökologische Aufwertung.

Innenhofbegrünung von unten bis zu oberstem Balkon

So geht's

Fassadenbegrünungen stehen immer wieder in Verdacht, dem Putz zu schaden und viel Arbeit zu verursachen. Bei einer sachgemäßen Errichtung von Mauer und Putz und der korrekten Anlage der Begrünung sind Schäden jedoch vermeidbar. Auch der Aufwand dafür lässt sich in Grenzen halten; die Vorteile überwiegen bei Weitem. Bestenfalls zieht man eine Fachperson hinzu, gleichzeitig gibt es eine vielfältige Literatur zum Thema Fassadenbegrünung.

Nachfolgend die wichtigsten Punkte für eine gelungene grüne Fassade:

- Erdgebundene Systeme wählen. Sie sind am effektivsten. Ein hochwertiges, tiefgründiges Erdreich, das an infrage kommende Pflanzen angepasst ist (Ton-, Sand- oder Kalkboden), unterstützt das Wachstum und die Gesundheit der Pflanzen.

Erdgebundene Fassadenbegrünungen an Rankgerüsten

Trogsystem mit Substrat und Wasserversorgung

- Falls nur Systeme mit Bewässerungen möglich sind, ein System wählen, das viel Substrat aufweist und damit etwas Wasser halten kann. Dadurch vertrocknen die Pflanzen nicht unmittelbar, wenn das Bewässerungssystem einmal ausfällt. Ebenso ist bei entsprechenden Begrünungssystemen der Einsatz von Wassertanks in Erwägung zu ziehen, die Dachwasser sammeln und den Einsatz von Trinkwasser zur Bewässerung stark reduzieren.
- Wahl der richtigen Pflanzen in Bezug auf Verbreitungsgebiet und Himmelsrichtung
- Richtige Wahl der Kletterhilfe. Selbstklimmende Pflanzen können an Häusern mit gemauerten Wänden hochwachsen. Sobald aber eine außen liegende Wärmedämmung vorhanden ist, ist eine Kletterhilfe (Rankgerüst) unumgänglich. Die Kletterpflanzen werden mit ihrem Wachstum immer schwerer. Die Fassade, der Putz muss dieses Gewicht tragen können, und außen liegende Wärmedämmsysteme schaffen das nicht; ein Rankgerüst schafft hier Abhilfe. Die Verankerung und die Dimensionierung der Seile oder Rankhilfen muss so gewählt werden, dass es die Gewichte zu tragen vermag.

Rankhilfen

Begrünte Dächer

Die Vielfalt bewachsener Dächer ist riesig, die zur Begrünung angewandten Methoden ebenfalls. Gründächer befinden sich auf unterschiedlichen Höhen und sind unterschiedlich groß. Die Dicke der Substratschicht variiert von wenigen Zentimetern bis zu 0,5 Metern oder mehr. Wachsen auf den einen Gründächern Moose und Mauerpfeffer, gedeihen auf anderen saftige Wiesen und kräftige Sträucher. Manche dieser begrünten Dächer sind sehr artenreich, andere weniger.

Gründächer haben zahlreiche Vorteile und Funktionen:

- Schutz der Dachkonstruktion durch gedämpfte Temperaturschwankungen
- Besseres Raumklima in den darunterliegenden Räumlichkeiten
- Längere Haltbarkeit des Daches dank effektivem Wetterschutz durch die Dachbegrünung
- Verringerung des Schallpegels von Straßenlärm und anderen Lärmquellen
- Aufwertung des Arbeits- und Wohnumfelds
- Lebensraum und störungsfreie Zonen für zahlreiche spezialisierte Pflanzen und Tiere

- Trittsteine für spezialisierte Arten
- Erhöhung des Durchgrünungsgrads einer Siedlung
- Besseres Stadtklima dank Regulierung der Luftfeuchtigkeit und Bindung von Luftschadstoffen
- CO_2-Bindung, indem dieses beim Wachstum der Pflanzen «eingebaut» wird, und Sauerstoffabgabe durch die Pflanzen
- Entlastung der Kanalisation durch Zurückhalten des Regenwassers

In vielen Städten und Gemeinden ist inzwischen die Dachbegrünung für Neubauten oder bei größeren Umbauten vorgeschrieben.

Dächer können je nach Zweck unterschiedlich begrünt werden.

Will man ein bestehendes Dach begrünen, ist die Beratung durch ausgewiesenes Fachpersonal unabdingbar. Es muss sichergestellt werden, dass das Dach dicht bleibt und die Unterkonstruktion das Gewicht (Substrat, Pflanzenmasse plus gespeichertes Wasser) halten kann. Mit dem Substrat, der Pflanzenmasse und dem gespeicherten Wasser können pro Quadratmeter Gewichte von bis zu 300 kg auftreten. Außerdem muss der Dachzugang für Pflege- und Unterhaltsarbeiten gewährleistet sein.

Dieser Vegetationstyp hält die trockene Sommersituation aus bzw. erholt sich bei Regen durch seine Anpassung sehr schnell wieder.

Ein raues Klima

Auf Dächern herrschen grundsätzlich Trockenheit und Nährstoffarmut, sehr starke Sonnenstrahlung im Sommer sowie Frostrisiko und Staunässe im Winter. Zudem kann Wind an exponierten Lagen den Verdunstungsvorgang beschleunigen. Je dünner die Substratauflage ist und je weniger Wasser in den Substratporen gespeichert werden kann, desto extremer sind die Standortbedingungen für Pflanzen und Tiere. Für einige seltene Arten können diese Bedingungen jedoch von Bedeutung sein.

Ruderal- und Pionierpflanzen sowie Arten magerer Trockenrasen haben verschiedene Strategien entwickelt, um mit den rauen Bedingungen klarzukommen. Sie speichern Wasser in den Blättern, schützen sich durch starke Behaarung vor zu starker Strahlung oder bilden ihre Samen schon vor Beginn der Trockenperiode. Solche Pflanzen waren früher häufig in sonnigen, felsigen Gegenden und auf den Schotter- und Sandflächen an Flussufern anzutreffen. Da diese Flächen aber zurückgegangen sind, sind Dächer heute potenzielle Ersatzstandorte. In Bezug auf den Artenschutz können deshalb spärlich und spezifisch begrünte Flachdächer sehr hilfreich sein.

Von Asseln bis zu Vögeln

Unter den vielen wirbellosen Tieren besiedeln vor allem die sehr artenreichen Gruppen der Spinnen und Insekten begrünte Dächer oft in hoher Dichte. Vom vielfältigen Blütenangebot profitieren Wildbienen, Hummeln und Schmetterlinge. Bei reichem Angebot an Hauswurz-, Fetthennen- und Mauerpfefferarten fühlt sich die seltene Wollbiene wie im Paradies. Auch Stein- und Wiesenhummeln, Sandbienen, Falten-, Schlupf- und Erzwespen, Käfer aus 20 verschiedenen Familien, Schwebfliegen und Kugelasseln gehören zu den Erstbesiedlern neu angelegter Gründächer. Daneben finden wir verschiedene Schnecken, vorwiegend trockenheitsresistente Arten wie Heideschnecken, Schließmundschnecken und Steinpicker.

Viele Tiere gelangen mit der Substratmischung als Eier, Kokons oder Jungtiere auf das Dach. Andere Tiere können gut klettern, dazu gehören Weberknechte, Hundert-

Auch Orchideen-Dächer sind möglich.

füßer, Ameisen. Manchmal erklimmen Mauereidechsen Flachdächer. Geflügelte Insekten wie Bienen, Heuschrecken und Schmetterlinge, Spinnen am Flugfaden und Vögel haben es leicht, begrünte Dächer auch in großer Höhe zu erreichen. Vögel finden dank der Insekten-, Spinnen- und Würmervielfalt ein reiches Nahrungsangebot. Sie nutzen Gründächer außerdem als willkommenen Rastplatz und manche brüten auf Flachdächern.

So gelingt ein artenreiches Gründach

Soll ein Gründach so gestaltet werden, dass sich viele Arten ansiedeln, sind einige Punkte zu beachten. Der wichtigste: Je vielfältiger die Substratauflage bezüglich Humusanteil, Gesteinsart, Körnung und Auflagenhöhe ist, umso größer ist die Artenvielfalt der Pflanzen, die sich ansiedeln und etablieren werden. Die unterschiedlichen Substrate und die hohe Pflanzenvielfalt führen unmittelbar zu einer hohen Artenvielfalt der Tiere.

Es gelten folgende Regeln:

- Substrathöhen variieren (7–15 cm).
- An statisch geeigneten Stellen Substrathügel (bis 30 cm) mit einer Fläche von jeweils ca. 10–15 m^2, mindestens jedoch ca. 4 m^2, aufschütten.
- Unterschiedliche Substrate (Sand, Mergel, Wandkies, Humus, Lavastein, Bimsstein, Ziegelschrot, Blähton usw.) verwenden und Substratinseln, -linsen, -streifen von 0,5 m bis ca. 2 m Breite einrichten, sich dabei aber an den natürlich vorkommenden Substraten von artenreichen Flächen in der Umgebung orientieren.
- Mit Steinhaufen, Altholzhaufen, Baumstämmen, Steinen oder quaderförmigen Steinblöcken das begrünte Flachdach bereichern.
- Nur regionaltypisches Saatgut ansäen.
- Störungen vermeiden: selten begehen, selten mähen.

Die Vielfalt an Substraten, Substrathöhen und Zusatzmaterialien führt zu einem sehr artenreichen Gründach.

Links: Pflanzenentwicklung zwischen Solarpanels. Rechts: Begrünung unter Panels gelingt gut bei halbtransparenten Solarpanels.

Dachbegrünungen in Kombination mit Solaranlagen

Werden Sonnenkollektoren oder Fotovoltaikanlagen auf Flachdächern installiert, können sie in einer guten Planung mit flächendeckender Extensivbegrünung kombiniert werden. Die beiden Maßnahmen vereinen die Vorteile für die Energiegewinnung (Kühlung der Module) und die ökologische Vielfalt. Hierfür hat sich bereits ein großes Angebot auf dem Markt etabliert.

Störende Einflüsse auf die Stromproduktion wie die Beschattung von Solarpanels durch die Vegetation können über die geschickte Wahl der Anordnung bzw. Aufständerung vermieden werden. Als optimal haben sich Solarpanels in der Schmetterlingsstellung erwiesen. Hier ist das Risiko, dass höher wachsende Gräser und Blumen die Panels beschatten, kleiner als bei der Sattel(dach)-Anordnung.

Solaranlage mit Schmetterlingsanordnung der Panels

5 Während der Sanierung

Oft gehen im Zuge von Gebäudesanierungen aus Unachtsamkeit und Unwissen geeignete Nistplätze für Vögel, Quartiere für Fledermäuse und andere Nischen für Tiere verloren, obwohl die Nester und Quartiere über Naturschutzgesetze grundsätzlich geschützt sind.

Um dies zu verhindern, kann wie folgt vorgegangen werden:

1. Die faunistischen Erhebungen und Abklärungen werden in der Brutsaison *vor* der geplanten Sanierung durchgeführt.
2. Kurze Bauarbeiten können so terminiert werden, dass die Fortpflanzungszeit nicht betroffen ist. In diesem Fall braucht es keine faunistischen Maßnahmen während der Sanierungszeit.
3. Längere Bauarbeiten bzw. die Gerüststellungen können so gestaffelt werden, dass die Arbeiten an den faunistisch relevanten Hausteilen außerhalb der Brutzeiten stattfinden.
4. Ist dies nicht möglich, werden zum Beispiel bereits vor den Brutzeiten Ersatzangebote für die relevanten Zeiten geschaffen.
5. Grundsätzlich werden Nistplätze und Quartiere, die durch die Sanierung verloren gehen, durch neue Angebote ersetzt. Für die Dauer der Bauzeit werden Ersatzlösungen angeboten.

Das heißt, Bau- und Tierfachleute sind dazu angehalten, Sanierungen gemeinsam und frühzeitig zu planen. So können die betroffenen Tierarten nach Abschluss der Bauarbeiten das Haus wieder nutzen und es kann von einer raschen Wiederbesiedlung ausgegangen werden.

Sanierungen bieten zudem die Möglichkeit, bestehende Konfliktpunkte zwischen Tieren und Menschen zu lösen, beispielsweise indem Nistplätze in Rollladenkästen oder direkt oberhalb von Fenstern an leicht verschobener Stelle wieder angeboten werden, sodass künftig die Verkotung des Fensterbrettes ausbleibt.

So geht's

Umsichtige Wahl der Sanierungszeit: Wenn immer möglich, wird die Zeit der Sanierung für die Jahreszeit (in der Regel Winterhalbjahr) vorgesehen, in der die betroffenen Tiere das Haus nicht nutzen oder problemlos auf andere Häuser ausweichen können. Das variiert von Art zu Art: Mauersegler beispielsweise nutzen Gebäude nur für die kurze Brutzeit von Mai bis Juli (evtl. August). Viele Fledermausarten belegen Gebäude für ihre Wochenstuben (Quartiere mit Jungtieren) länger über die Sommerzeit. Siebenschläfer hingegen schlafen von Herbst bis in den späten Frühling in Nischen im Dachstock und sind selbstverständlich dann zu schonen.

Sanierungen während der Brutzeit: Um während der Brutzeiten Eingriffe an faunistisch relevanten Hausteilen vornehmen zu können, ist eine Absprache mit der Naturschutzbehörde notwendig. Die konkreten gesetzlichen Paragrafen unterscheiden sich dabei je nach Bundesland (Deutschland, Österreich) oder Kanton (Schweiz) und die Zuständigkeiten sind unterschiedlich geregelt.

Zweckmäßig ist es in jedem Fall, ein konkretes Vorgehen zu definieren: Um welche Tierart handelt es sich? Was geschieht vor der Sanierung, was während, am Ende? Wie ist die Tierart betroffen, und welche definitiven Maßnahmen werden wo, in welcher Anzahl platziert?

Die Sanierung während der Brutzeit ist dann besonders risikoreich, wenn die betroffenen Tierarten praktisch nur am zu sanierenden Haus vorkommen und in der unmittelbaren Umgebung fehlen. Hier ist die Gefahr groß, dass die jeweilige Tierart nach der Sanierung wegbleibt und dieser Teil des Lebensraums verloren geht. Und dies auch, wenn anschließend Nester und Quartiere wieder zur Verfügung stehen. In solchen Fällen ist es essenziell, dass den Tieren während der Sanierungszeit Nistmöglichkeiten und Quartiere in direkter Nachbarschaft, am Gerüst oder an Teilen des zu sanierenden Hauses angeboten oder erhalten werden.

Ausweichangebote in der unmittelbaren Nachbarschaft: Damit es gelingt, dass Vögel neue Nistmöglichkeiten in unmittelbarer Nachbarschaft annehmen, können folgende Hinweise hilfreich sein: Die neue Nistmöglichkeit sollte der originalen Nistmöglichkeit in Position und Form sehr ähnlich sein. Das Angebot sollte mindestens eine Brutsaison vor der Sanierung gesetzt sein, sodass die Tiere diese bereits kennenlernen können. Relativ leicht gelingt das, wenn die Häuser einer Wohnsiedlung saniert werden, denn sie sind meist gleichartig gebaut. Schwieriger wird es, wenn die Nachbarhäuser in Form, Größe und Architektur völlig anders sind.

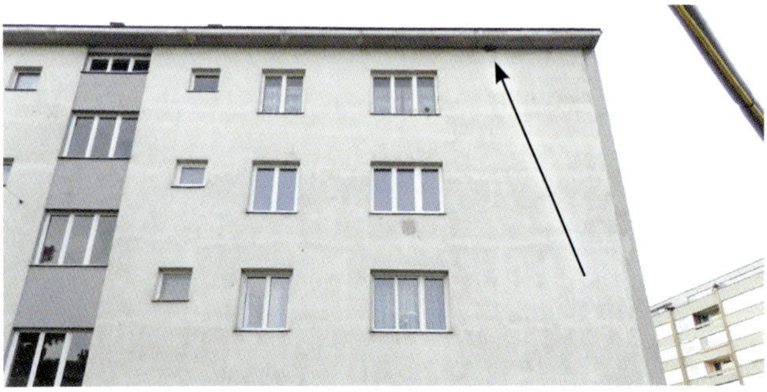
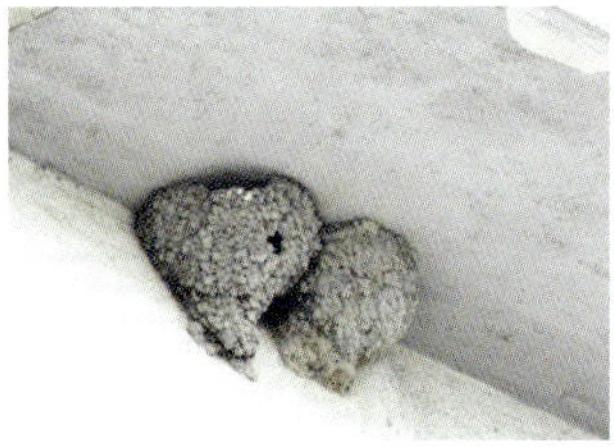

Zu sanierendes Haus mit Mehlschwalbennestern

Montage von Kunstnestern an unmittelbar vis-à-vis liegendem Gebäude in gleichem Baustil

Kunstnester am sanierten Haus, die von den Schwalben sofort angenommen wurden.

Neue Erkenntnisse vom Gerüst aus: In Vorbereitung einer Sanierung sind vorab bereits zahlreiche Entscheidungen zu treffen. Einige Aspekte, insbesondere die Spalten und Nischen bewohnenden Tierarten betreffend, ergeben sich jedoch erst, wenn Fassaden und Dachränder vom Gerüst aus erkundet werden können, und führen dann ggf. zu neuen Entscheidungen bezüglich Anzahl oder Positionierung von Maßnahmen.

Tierarten/-gruppen und ideale Zeit für Sanierungen und andere Bauarbeiten am Haus

Tierart(engruppe)	Januar	Februar	März	April	Mai	Juni	Juli	August	September	Oktober	November	Dezember
Mauersegler	√	√	√	[orange, schraffiert]	[rot]	[rot]	[rot]	[orange]	√	√	√	√
Alpensegler	√	√	√	[rot]	[rot]	[rot]	[rot]	[rot]	[orange]	√	√	√
Mehlschwalbe	√	√	√	[orange, schraffiert]	[rot]	[rot]	[rot]	[rot]	[rot]	√	√	√
Rauchschwalbe	√	√	√	[rot]	[rot]	[rot]	[rot]	[rot]	[rot]	√	√	√
Weißstorch	√	√	[rot]	[rot]	[rot]	[rot]	[rot]	[orange]	√	√	√	√
Waldkauz	√	[rot]	[rot]	[rot]	[rot]	[rot]	√	√	√	√	√	√
Schleiereule	√	√	√	[rot]	[rot]	[rot]	[rot]	[rot]	[rot]	√	√	√
Steinkauz	√	√	√	[orange]	[rot]	[rot]	[rot]	√	√	√	√	√
Straßentaube	[orange]	[orange]	[rot]	[rot]	[rot]	[rot]	[rot]	[rot]	[rot]	[rot]	[orange]	[orange]
Dohle	√	[orange]	[orange]	[rot]	[rot]	[rot]	[orange]	√	√	√	√	√
Turmfalke	√	√	√	[rot]	[rot]	[rot]	[rot]	[rot]	√	√	√	√
Wanderfalke	√	[orange]	[rot]	[rot]	[rot]	[rot]	[orange]	√	√	√	√	√
Hausrotschwanz	√	√	√	[rot]	[rot]	[rot]	[rot]	√	√	√	√	√
Haussperling	√	√	[orange]	[rot]	[rot]	[rot]	[rot]	[rot]	√	√	√	√
Amsel	√	√	[rot]	[rot]	[rot]	[rot]	[rot]	[orange]	√	√	√	√
Buntspecht	√	√	√	[rot]	[rot]	[rot]	[rot]	√	√	√	√	√

√ ideale Zeit für Sanierungen [rot] Brutzeit [orange] Bruten möglich

	Januar	Februar	März	April	Mai	Juni	Juli	August	September	Oktober	November	Dezember
Wespe/Hornisse	√	√	√	[rot]	[rot]	[rot]	[rot]	[rot]	[rot]	√	√	√

	Januar	Februar	März	April	Mai	Juni	Juli	August	September	Oktober	November	Dezember
Fledermaus, Wochenstube	√	√	[orange]	√	[rot]	[rot]	[rot]	√	√	√	√	√
Fledermaus, Winterquartier	[rot]	[rot]	[orange]	√	√	√	√	√	√	√	[orange]	[rot]

√ ideale Zeit für Sanierungen [rot] Wochenstuben-/Winterschlafzeit [orange] Winterschlaf möglich

	Januar	Februar	März	April	Mai	Juni	Juli	August	September	Oktober	November	Dezember
Siebenschläfer	[rot]	[rot]	[rot]	[rot]	[rot]	√	[rot]	[rot]	√	[rot]	[rot]	[rot]
Steinmarder	√	√	[rot]	[rot]	[rot]	√	√	√	√	√	√	√
Waschbär	[orange]	[orange]	√	[rot]	[rot]	√	√	√	√	√	√	[orange]

√ ideale Zeit für Sanierungen [rot] Fortpflanzungs-/Winterschlafzeit [orange] Winterruhe möglich

	Januar	Februar	März	April	Mai	Juni	Juli	August	September	Oktober	November	Dezember
Grüne Fassaden	√	√	√	[hellgrün]	[hellgrün]	[grün]	[grün]	[grün]	[hellgrün]	[hellgrün]	[hellgrün]	√
Grüne Dächer	√	√	√	[grün]	[grün]	[grün]	[grün]	[grün]	[grün]	[grün]	√	√

√ ideale Zeit für Sanierungen [grün] Vegetationszeit [hellgrün] ideale Zeit für Kletterpflanzen-Pflanzung

Mehlschwalben fliegen nach der Einrüstung zwischen den Gerüststangen hindurch (unten rechts) weiterhin zu ihren Nestern und brüten erfolgreich (Pfeile weisen auf die Lage der Nester hin).

Gerüst ohne und mit Staubnetz: Fassadenbrüter versuchen ihre bekannten Nestbereiche anzufliegen, auch wenn ein Gerüst am Haus steht. Ist kein Staubnetz vorhanden, können Dohlen, Spatzen, Hausrotschwänze oder Mehlschwalben ihre Nester gut erreichen. Mauersegler versuchen es auch, schaffen es aber meist nicht.

Muss ein Staubnetz gespannt werden, verändert sich die Situation dramatisch. Staubnetze verhindern den Zu- und Wegflug beispielsweise von Spatzen, Hausrotschwänzen, Mehlschwalben und Fledermäusen. Wir konnten Mauersegler und Spatzen beobachten, die vergeblich versuchten, durch das Staubnetz zu ihren aktuellen oder letztjährigen Nistnischen zu kommen, und dabei dem Risiko ausgesetzt waren, sich in den Netzen zu verfangen.

Für Spatzen und Schwalben – auch für Fledermäuse – schaffen gezielt angebrachte Öffnungen bzw. netzfreie Bereiche Abhilfe. Ihr Zweck muss den Handwerker:innen vor Ort bekannt gemacht werden, sodass die Öffnungen offen und die Ränder straff gezogen bleiben. (Siehe auch Kapitel «Mauersegler».) Optimal ist, wenn die Arbeiten an der Fassade so gestaffelt werden, dass die Staubnetze in den entsprechenden Bereichen erst angebracht werden müssen, wenn die Brutgeschäfte abgeschlossen sind. Damit ist gewährleistet, dass die Jungvögel bis zum Ende der Nestlingszeit gefüttert werden und problemlos ausfliegen können. Wird ein Gerüst mit Staubnetz gestellt, dürfen keine Bruten mehr am Haus aktiv sein.

Ein Spatzenweibchen mit Futter kann nicht mehr zu seinen Jungen, da ein Staubnetz am Gerüst angebracht wurde. Ein auf Nesthöhe ins Netz geschnittenes Loch löst das Problem – die Spatzeneltern nutzen es sofort, um zu den rufenden Jungen (rechtes Foto) zu gelangen.

Für Mehlschwalben wurde das Staubnetz über die ganze Höhe geöffnet, sodass auch die Jungschwalben gut aus- und einfliegen konnten. Die Arbeiten an dieser Stelle des Gebäudes wurden erst ausgeführt, nachdem die Schwalben ausgeflogen waren.

Stirnseiten der Gerüste: Manchmal befinden sich Nester unmittelbar neben Gerüsten. Hier ist sicherzustellen, dass An- und Einflüge noch möglich sind.

Links: Fledermäuse nutzten die Haustrennfuge (links neben der Gerüststirnseite) als Tagesquartier. Das Staubnetz wurde deshalb zurückgebunden, sodass die Fledermäuse auch während der Gerüststehzeit an- und wegfliegen konnten.

Der Mauersegler-Nistplatz unter dem Blech des Vordaches kann noch angeflogen werden.

Links: Mauersegler und Spatzen brüteten in Spechtlöchern dieses Hauses. Mitte: Am Gerüst wurden Styroporblöcke montiert, in die von hinten Nistnischen eingelassen waren, nach vorn wurden zwei Schlitze eingeschnitten. Beim oberen Schlitz wurde mit Spray ein Spechtloch vorgetäuscht. Die Styroporoberfläche wurde verputzt, sodass die temporäre Nistmöglichkeit der ursprünglichen Situation sehr ähnelte. Insgesamt waren 4 solche Blöcke – alle direkt vor genutzten Spechtlöchern – während zwei Jahren am Gerüst montiert. Einige Nistmöglichkeiten in den Blöcken wurden von Spatzen und Mauerseglern angenommen. Rechts: In der Brutsaison nach dem Gerüstabbau wurden die definitiven Nistmöglichkeiten sofort von Mauerseglern und Spatzen besiedelt.

Nistkästen am Gerüst: Sanierungen können mitunter länger als ein Jahr dauern und nicht in die brutfreie Zeit gelegt werden. Dann können Nistkästen am Gerüst teilweise helfen, Tiere/Brutvögel auch während der Sanierungszeit vor Ort zu halten. Solche Nistkästen am Gerüst werden besonders dann gut angenommen, wenn sie

- in unmittelbarer Nähe zum originalen Nistplatz montiert werden,
- in ihrer Art der originalen Nistsituation gleichen (zum Beispiel optisches Erscheinungsbild, zum Beispiel Öffnung, Strukturen und Volumen).

Achtung: Bei sonnenexponierten Nistkästen am Gerüst können die Innentemperaturen sehr hoch werden. Dies vermeidet man mit dem Anbringen von schattenspendenden Holz- oder Dämmplatten.

Befestigungsarten: Als Grundprinzip für die Befestigung von Nistkästen am Gerüst wählen die meisten Baufachleute ein breites Brett (Schaltafel), das an der Innenseite des Gerüsts an die Gerüststangen montiert wird. Der Nistkasten ist auf dieser Tafel befestigt oder wird durch die Tafel nach außen geschoben. Die Befestigungsart stellt sicher, dass der Nistkasten zu 100 Prozent an der Tafel bzw. am Gerüst hält. Diese Arbeiten übernimmt aus haftungsrechtlichen Gründen immer die für das Gerüst zuständige Baufirma.

Links: Mauersegler-Nistkasten an einem Brett, das hochkant an der Gerüstinnenseite montiert wurde. Mitte: Variante mit querliegender Tafel und einem Mauerseglerkasten, der durch sie durchgeschoben wurde (Trempelkasten). Der Lautsprecher konnte von hinten in den Kasten hineingegeben werden. Rechts: Variante mit Montage an Fußbrett und erster Gerüststange (wobei die Optik des originalen Dohlennistplatzes imitiert wurde)

Hilfestellung durch das Abspielen von Rufen: Um auf die temporären Nistkästen am Gerüst oder an benachbarten Gebäuden aufmerksam zu machen, kann es sinnvoll sein, mit Klangattrappen zu arbeiten, die zur Zeit der Rückkehr der Vögel Lockrufe abspielen. Die Rufzeiten können mittels Zeitschaltuhr auf die relevanten Tagesstunden eingestellt werden: bei Mauerseglern jeweils circa eine Stunde am späten Vormittag, am späten Nachmittag und verstärkt in den Abendstunden bis zum Sonnenuntergang; bei Mehlschwalben verteilt von morgens bis abends abwechselnd zum Beispiel eine Stunde Gesang und eine Stunde Pause. Die Stromversorgung wird bei einigen Modellen mit Sonnenkollektoren sichergestellt. Ist die Besiedlung erfolgt, werden die Klangattrappen wieder entfernt.

Links: Mauersegler-Nistkasten mit aufgesetztem Lautsprecher am Gerüst unmittelbar vor dem originalen Nistplatz. Der Kasten wurde während der Beschallung (Anfang Mai) intensiv angeflogen und innerhalb weniger Tage besiedelt, sodass der Lautsprecher entfernt werden konnte. Rechts: In der Brutsaison nach Sanierungsende wurde der platzierte Nistkasten (gleicher Kastentyp wie vorher am Gerüst und praktisch am originalen Nistplatz montiert) sofort bezogen.

Als die Mauersegler am eingerüsteten Gebäude eintrafen, flogen einige Vögel immer wieder die gleiche Stelle am Staubnetz an, was auf einen bisher nicht bekannten Nistplatz hindeutete. In diesem Bereich wurden deshalb zwei mit Lautsprechern versehene Nistkästen montiert. Die Besiedlung eines Kastens erfolgte innerhalb einer Woche.

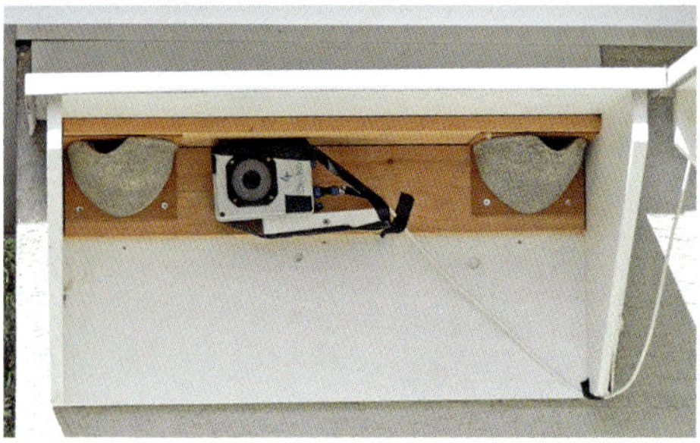

Mehlschwalben-Klangattrappe in einer Nistbox

Schutz vor Beutegreifern: Auch Krähen und andere Rabenvögel nutzen Gerüste als Aussichtspunkte. Sie nehmen auch die Nistkästen wahr und beobachten genau, was dort passiert und ob dort etwas für sie zu holen ist.

Die rechte Nistkastenstütze (Foto oben links) wurde von (Nebel-)Krähen genutzt, um im darüberliegenden Loch nach Mauerseglern zu angeln. Die Befestigung mittels Gurten konnte das Problem beheben (Foto unten links).

An Seilen oder von der Hebebühne aus werden vor der Brutzeit – in Abstimmung mit der Naturschutzbehörde – Nestzugänge verschlossen.

Bewilligte Vorbereitungen, falls das Gerüst erst in der Brutzeit aufgestellt wird: Falls es notwendig und unabwendbar ist, Gerüste mitten in der Brutzeit von Gebäudebrütern aufzubauen, kann es nach Beurteilung der Situation und nach behördlicher Abstimmung sinnvoll sein, Zugänge zu möglichen Brutplätzen vor Brutbeginn zu schließen und den Tieren gleichzeitig Alternativ-Nistplätze anzubieten.

Bauverzögerungen/Bauzeitmanagement: Bei fast jedem Bau gibt es trotz bester Planungen Verzögerungen. Ein Gerüst wird zum Beispiel später auf- oder abgebaut als vorgesehen. In beiden Fällen ist das relevant, wenn Brutzeiten betroffen sind bzw. wären. Wichtig ist, dass die Fachperson und die Bauleitung sowie die verschiedenen Gewerke (Fassadenbauer, Zimmerer, Spengler/Klempner usw.) gut zusammenarbeiten.

Je früher die Bauleitung den Konflikt erkennt bzw. auf ihn aufmerksam gemacht wird, desto mehr Möglichkeiten gibt es, naturschutzrechtlich korrekt zu reagieren. Sei es durch das Vorziehen der Arbeiten an der entsprechenden Fassade mit einer nachfolgenden zeitgerechten Demontage des Gerüstes oder durch das Anbringen zusätzlicher Ausweichquartiere am Gerüst, wenn dieses während der ganzen Brutzeit stehen bleiben soll, oder auch durch den teilweisen Gerüstabbau.

Auf dieser Großbaustelle verlängerte sich die Bauzeit. Daher entschied man, die Arbeiten an der Fassade, an der Mehlschwalben brüteten, vorzuziehen, zu intensivieren und eine Teilabrüstung vorzunehmen (zeitliche Reihenfolge der Bilder: 20. März, 27. April, 3. Mai, 6. Mai). Die Abrüstung fand praktisch mit der Ankunft der Schwalben statt. Die Kunstnester wurden sofort angenommen.

Rechte Seite: «Wandernde» Nistkästen während des Umbaus
Eine ungewöhnlich lange Zeitspanne vom Originalnistplatz bis zum neuen Nistplatz erlebten die Mauersegler während eines Bauvorhabens, das zwischenzeitlich sehr stockte. Die Mauersegler brüteten trotzdem jedes Jahr! (Reihenfolge der Bilder chronologisch von links nach rechts und von oben nach unten): 2015: Hausmauer mit besiedelten Mauersegler-Nistplätzen. Umbauprojekt startet. 2017: Mauersegler-Nistkästen werden von der Hausmauer auf das Gerüst umgesetzt. Hinter die Nistkästen werden graue Tafeln montiert, um die ursprüngliche Fassade nachzuahmen (3. Bild). 2018: Mauerseglerkästen werden an die umgebaute Hausmauer zurückgenommen und das Gerüst vorzeitig um 2 Etagen abgebaut. 2019: Gerüste sind vollständig abgebaut. 2020: Geplante Terrassen lassen auf sich warten. 2021: Nistkästen werden an ihrem definitiven Standort montiert. Die Coronakrise bewirkt Lieferengpässe bei Eisenprodukten. 2022: Der Gebäudeumbau ist abgeschlossen. Die Mauersegler brüteten jedes Jahr.

6 Wärmedämm-verbundsysteme

Bei bestehenden Häusern und bei Neubauten werden die Mauern häufig außen mit Styropor- oder Mineralwollplatten (Wärmedämmverbundsystem, WDVS) gedämmt. Das Anbringen von Nisthilfen für Vögel, Fledermäuse oder andere Tiere an solchen WDVS-Fassaden muss zusätzliche Aspekte berücksichtigen, denn die Dämmung bzw. der Putz dürfen nicht verletzt werden und es sollen keine Kältebrücken entstehen.

Aufputz auf die Dämmung

Nistkästen, die auf die Dämmung montiert werden, müssen im darunter- oder darüberliegenden Mauerwerk verankert werden, denn sie sind recht schwer (5–15 kg). Hierfür werden meistens Gewindestangen oder Dübel mit dazugehörigen langen Schrauben verwendet. Die Gewindestangen werden entweder vor oder nach dem Kleben/Dübeln der Wärmedämmplatten in das Mauerwerk getrieben. Ist die Fassade fertig verputzt und beschichtet, wird beispielsweise ein Fledermauskasten auf die Gewindestangen gesetzt, die Gewindestangen auf die richtige Länge geschnitten und der Kasten mit Muttern befestigt.

Gleichzeitig ist aber zu beachten, dass der Kasten durch das Festschrauben und sein Eigengewicht das Dämmsystem quetschen könnte. Um das zu verhindern, werden Distanzhalter eingesetzt. Das können Hülsen sein, die so lang sind wie die Dämmung dick, oder es werden Gegenmuttern auf die Gewindestangen gesetzt.

Relativ leichte Nisthilfen wie Schwalbenschalen können mit Dämmstoffdübeln befestigt oder an die Fassade und den Dachvorsprung geklebt werden.

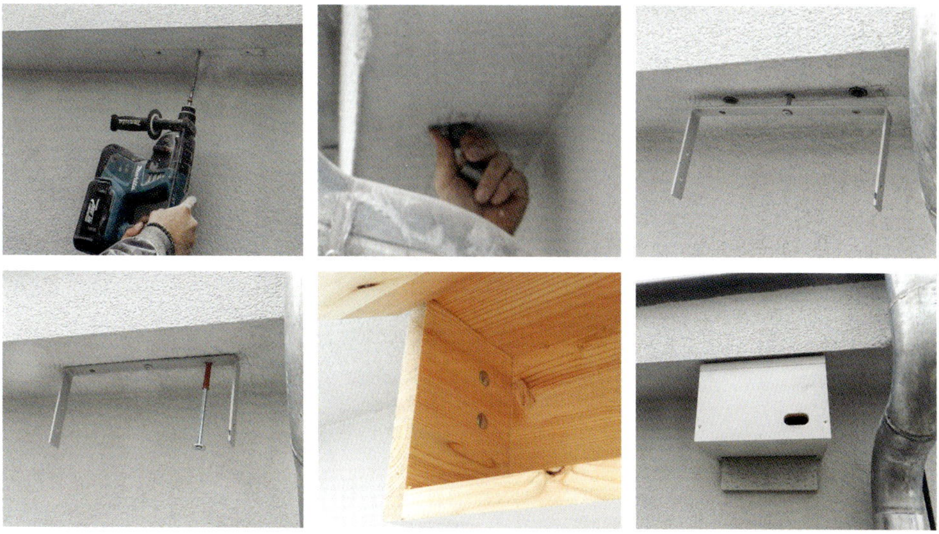

Löcher bohren nach oben in die gedämmte Betonplatte des Dachüberstandes. Platzieren von Hülsen (Abstandhalter). Vorbereiteter Bügel (in der Mitte Schraube, die den Bügel hält, links und rechts davon Löcher mit Hülsen). Vorbereitete Montageschraube inkl. Dübel. Anschrauben des Kombikastens (Mauersegler/Fledermaus) von innen durch die Seitenwand an den Bügel

Im Mauerwerk verankerte Gewindestangen zur Montage eines Fledermauskastens. Er wird erst nach Abschluss der Fassadenarbeiten mithilfe einer Gegenmutter (Verhinderung der Quetschung des WDVS) montiert.

Führen die Gewindestangen in den Kasten, wo sich Tiere aufhalten, werden Hutmuttern verwendet, an denen sich die Tiere nicht verletzen können.

Mit Dämmstoffdübeln bzw. -schrauben und Unterlegscheiben befestigtes Schwalbennest auf Dämmung

Mehlschwalbenschalen mit Spachtelmasse an WDVS geklebt

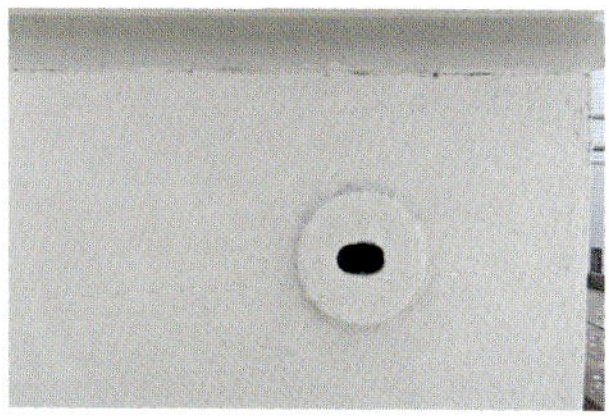

Mauersegler-Nistkasten in hochgelegener Terrassenbrüstung in 16-cm-WDVS integriert (platziert, mit Dämmung umgeben, mit Armierungsgitter und Spachtel eingepackt, mit Fassadenbeschichtung)

Unterputz in die Dämmung

Inwieweit in die Dämmung eingelassene Nistkästen zu Wärmebrücken führen, ist umstritten. Berechnungen haben ergeben, dass eine Aussparung der Dämmung in der Größe eines Mauersegler-Nistkastens keine nennenswerte Schwachstelle des Systems erzeugt. Geht man aber auf die sichere Seite, sucht man sich Dämmbereiche, hinter denen sich nur ungeheizte oder gar keine Räume befinden: die Brüstungen/Ränder von Flachdächern, Balkonen oder Dachterrassen, das oberste Mauerstück (Kniestock) bei Giebelbauten oder Treppenhäusern/Stiegenhäusern. In diesen Bereichen ist es in der Regel problemlos möglich, Nistkästen in die Dämmung zu integrieren. Viele Produkte der Nistkasten-Hersteller sind direkt auf die Integration in die Dämmung ausgelegt.

Problemlos können flache Kästen wie die Spaltenquartiere für Fledermäuse eingelassen werden. Sie weisen eine Dicke von etwa 8 cm auf. Die Dämmplatten, die montiert werden, sind meist 12–20 cm stark oder mehr. So können hinter den Fledermausquartieren hochwertigere Dämmstoffe angebracht werden, die sicherstellen, dass keine Wärmebrücke entsteht.

Links: Fledermauskasten an der Fassade in WDVS eingelassen, wobei hinter dem Kasten ein hochwertiges Dämmmaterial eingeschoben ist. Mitte: Einnetzen und Einputzen. Rechts: Fertige Fassade mit Fledermausquartier neben dem ursprünglichen Fledermausquartier in der Dehnungsfuge

Schnitt durch Fassade mit WDVS, in welche Nistkästen eingelassen sind, mit minimaler Reduktion der Dämmstärke. Der Schnitt korrespondiert direkt mit dem Foto.

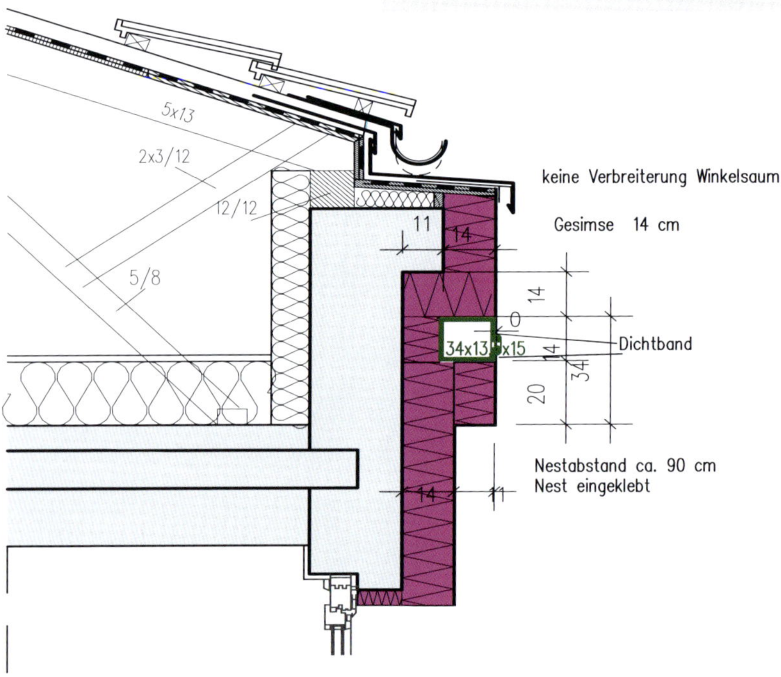

Auf die Reduktion der Dämmstärke hinter Unterputz-Nistkästen bzw. Fledermausquartieren kann verzichtet werden, wenn an geeigneter Stelle (z. B. Dachauskragung) die Dämmung dicker ausgeführt wird.

Für Situationen, in denen hinter einer mit WDVS versehenen Mauer ein ungedämmter Raum liegt (z. B. an einer giebelseitigen Fassade), gibt es von den Naturproduktherstellern Elemente, die durch das WDV-System zu einem Loch in der Mauer führen. So können die Fledermäuse in diesen Raum gelangen.

Integriert man Nistkästen nur halb tief in das WDV-System, wird der Eintritt von Wasser durch Bleche oder Kompribänder verhindert. In manchen Fällen wurde von der Oberkante des hervorstehenden Nistkastens eine Aufdopplung des Dämmmaterials bis nach oben unter den Dachvorsprung hinzugefügt, damit kein Wasser auf dem Kasten liegen bleiben kann.

Spalt für Fledermäuse in WDVS; gebildet durch ein spezifisches Element, das zu einer Öffnung in der Hausmauer in den Dachstock führt. Im Dachstock ist ein großes Spaltenquartier montiert, in das die Fledermäuse kraxeln können.

Sicherung gegen Wassereintritt mittels vorkomprimiertem Dichtungsband (Kompriband). Das Kompriband liegt unsichtbar zwischen Dämmung und Kasten. Hier sichtbar sind nur Abdeckbänder als Schutz bei den Putzarbeiten.

Dieser Nistkasten wurde gegen Wassereintritt so gesichert, dass dem Kasten oben eine zugeschnittene Dämmstoffplatte aufgesetzt wurde, die unter das Vordach reicht.

Die Sonneneinstrahlung heizt die Oberflächen von süd- und westorientierten WDV-Systemen sehr stark auf, wodurch ein Strom sehr warmer Luft entlang der Fassaden nach oben entsteht. Zusammen mit der direkten Besonnung können somit auch in Nistkästen sehr hohe Temperaturen entstehen. Dies gilt es zu vermeiden und man sollte in solchen Situationen auf die Platzierung von Maßnahmen verzichten.

Zum speziellen Fall WDV-Systeme und Spechte verweisen wir auf das Kapitel «Buntspechte».

7 Neubau

Bei Neubauten können die Bedürfnisse von Gebäude bewohnenden Vögeln oder Fledermäusen von Anfang an in die Planung integriert werden, beispielsweise in Form geeigneter Nisthilfen oder Gebäudenischen. Andererseits kann ein neues Haus durch geeignete Maßnahmen und Baumaterialien auch gleich vor den Aktivitäten weniger erwünschter Tiere wie Buntspecht oder Siebenschläfer geschützt werden.

Drei Blickwinkel

Bei der Behandlung der Thematik Fauna bei Neubauplanungen sind drei Blickwinkel hilfreich:

Der erste Blick ist auf das **Haus** gerichtet: Was wird das Haus bieten? Fassaden, Balkone, Terrassen, Dachränder, Flachdächer usw. Wie sind sie konstruiert und gegliedert? Welche Tiere können sie nutzen? Welche Baumaterialien sollen eingesetzt werden? Massivelemente, Glas, Wärmedämmsysteme usw. Gleichzeitig checkt man: Welche Bauelemente könnten für Tiere zur Falle werden? Scheiben als Windschutz, Lichtschächte, Regenwasserfallrohre usw.

Visualisierungen eines Bauprojektes sind hilfreich, um Potenziale für Maßnahmen für Tiere schneller zu erkennen.

Der zweite Blickwinkel richtet sich auf die **Umgebung:** Welche natürlichen und naturnahen Gegebenheiten sind im direkten Umfeld vorhanden? Steht das Haus an einem Bach, an einem Waldrand, am Siedlungsrand nah zu Wiesen, mitten in einer Siedlung mit Gärten oder in einem stark versiegelten Zentrum? Welche Tiere kommen in der Umgebung vor? Mauersegler, Mehlschwalben, Dohlen, Eidechsen, Straßentauben, Spatzen, Fledermäuse oder andere? Gibt es große Bäume in der nahen Umgebung? Welche fördernden Maßnahmen gibt es bereits an benachbarten Gebäuden (für Schwalbennester, Mauersegler-Nistkästen, Fassadenspalten mit Fledermausquartieren)?

Der Blick auf die Umgebung eines Neubaus gibt Hinweise darauf, welche Tierarten sich am Haus niederlassen könnten.

Der dritte Blickwinkel ist schließlich auf die spezifischen **Tierarten** gerichtet: Was braucht eine gewisse Tierart oder Tiergruppe, auf die beim Neubau eingegangen werden soll? Welche Rolle spielt das Haus, welche der Garten oder der Innenhof im Gesamtlebensraum dieser Tierart? So sind beispielsweise die Bedürfnisse sehr unterschiedlich, ob man mit den Augen eines Mauerseglers oder den Augen eines Spatzes schaut. Der Aktionsradius des Mauerseglers ist groß, er entfernt sich auf der Jagd bis zu über 10 km vom Nistplatz am Haus weg, bei ungünstigen Wettersituationen auch über 100 km. Der Gesamtlebensraum von Spatzen beschränkt sich hingegen auf eine Fläche unmittelbar um das Haus: Nest, Futter, Verstecke und Hygienemöglichkeiten wie Staubbaden. Der Lebenszyklus der Mauersegler spielt sich auf zwei Kontinenten ab (Europa und Afrika), der eines Spatzes vollständig im Nahbereich seines Nestes.

Animal-Aided Design und Zertifizierungen

Wer allen drei Blickwinkeln gerecht werden will, kann sich der Methode des Animal-Aided Design (AAD) bedienen. AAD ist ein Planungsansatz, der die Bedürfnisse von Tierarten von Beginn an in die Gebäude-, Siedlungs- und Stadtplanung integriert. Diese berücksichtigt alle drei Blickwinkel zusammen mit allen anderen Themen der Hausplanung. Damit kann ein optimales Ergebnis für alle Nutzenden des Hauses (Menschen und Tiere) und ein konfliktfreies Miteinander erzielt werden.

Bauträger lassen ihre Gebäude zudem immer öfter mit Nachhaltigkeitszertifikaten auszeichnen, da die Nachfrage nach nachhaltig gebauten Wohnungen und Häusern wächst. Die Themen Gebäudebrüter und Nisthilfen sind dabei auch Faktoren, die mit Checklisten erfasst werden und Zertifikatspunkte erzeugen.

Stressarm

Will man für viele Tierarten geeignete Nistplätze, Verstecke und andere Strukturen anbieten, ist darauf zu achten, dass man am Brutplatz oder Versteck den etwaigen Stress zwischen verschiedenen Tierarten gering hält. Tierarten, die einander in die Quere kommen können, sollen nicht in unmittelbarer Nachbarschaft gefördert werden: beispielsweise keine Turmfalken-Nistkästen an Gebäuden mit Dohlen-Brutkolonien, keine Eulennistkästen in der Nähe von Fledermausquartieren.

Bei der Planung der Solar-City in Linz war das Thema «Fauna» von Anfang an gesetzt.

Neubau-Regeln

Damit das Ansiedeln von Wildtieren an neu geplanten Gebäuden gut gelingt, sollte Folgendes beachtet werden:

- Einschlupföffnungen und Nischen schaffen, wo immer es möglich ist, außer in konfliktträchtigen Bereichen.
- Optimal sind in die Fassaden und Gebäude integrierte Angebote.
- Materialien bzw. Verfahren wählen, die für Tiere, die häufig damit in Kontakt kommen, ungiftig sind (zum Beispiel Holzbehandlung im Dachstuhl oder an Außenwänden).
- Auf Vogel-/Insektengitter weitgehend verzichten.
- Flachdächer werden einer differenzierten, artenreichen Begrünung zugeführt.
- Fassaden begrünen.
- Gärten und Grünflächen mindestens teilweise artenfördernd anlegen und pflegen.
- Schächte, Wasserbecken und Glasflächen so ausführen, dass sie für Tiere gefahrlos sind.
- Grundstückseinfriedungen und -abgrenzungen so bauen, dass sie von Tieren leicht passiert werden können (Wiesen, Hecken, begrünte Böschungen, Zäune, Fertigelemente und Mäuerchen mit Durchschlüpfen).
- Auf Balkonen Vorrichtungen für Blumenkästen schaffen.
- Spezifische Förder- oder Abwehrmaßnahmen je nach Tierart ergreifen.
- Beratung und Baubegleitung durch Fachpersonen helfen, Kosten zu sparen, und vermeiden späteren Ärger.

Erhöhen des Ansiedlungserfolges

Die Besiedlung von Neubauten lässt selbst bei optimal integrierten Nistplatzangeboten zuweilen auf sich warten. Je weiter die anderen Vorkommen der erwünschten Tierarten entfernt liegen, desto länger kann es dauern. Bei Mauerseglern oder Fledermäusen braucht es oft bis zu 10 Jahre Geduld.

Ein wichtiger Faktor für den Ansiedlungserfolg ist, das soziale Verhalten der gewünschten Tierarten zu berücksichtigen. Einige lieben die Gesellschaft, andere sind territorial und grenzen sich im nahen oder im weiteren Umfeld des Nist- oder Aufzuchtplatzes gegeneinander ab. Berücksichtigen wir die Ansprüche der einzelnen Arten, so machen wir nichts falsch. Tiere machen sich aber im konkreten Fall ihre Regeln selbst. Es ist daher sehr hilfreich, in Erfahrung zu bringen, wie sich eine ausgewählte Tierart in der Nachbarschaft verhält – vielleicht überrascht sie uns mit einem spezifischen Hinweis.

Und – lassen wir uns doch von ihnen inspirieren! Bauen wir das nach, was uns die Tiere zeigen, dann haben wir die größten und schnellsten Erfolge. Oft scheint es, als hätten die Tiere ein Suchbild im Kopf, wie eine Nistmöglichkeit auszusehen hat. Beispielsweise sucht ein Mauersegler, der unter Ziegeln groß wurde, oft selbst Nistmöglichkeiten unter Ziegeln. Ein anderer, der Rollladenkästen kennenlernte, hält Ausschau nach einem Rollladenkasten. Ein dritter, dessen Kolonie in Nistkästen brütet, sucht für seine Brut auch Nistkästen.

Unspektakulär

Maßnahmen für Tiere an Gebäuden sind oft unspektakulär und unscheinbar. Wem fällt schon ein grober, saugfähiger Putz auf, der im Hinblick auf die Haftung von Mehlschwalbennestern gewählt wurde? Wer beachtet schon Löcher von 5 cm Größe in Vordach-Traufkästen, die Mauerseglern als Nestzugang dienen? Wer nimmt Einschlüpfe für Fledermäuse wahr, die unter Flachdach-Abschlussblechen oder zwischen Fassadenelementen liegen?

Hauseigentümer:innen können viele Maßnahmen selbst oder in Zusammenarbeit mit ehrenamtlichen Naturschützer:innen oft recht kostengünstig umsetzen. Fachpersonen hinzuziehen, wird dennoch empfohlen.

Spatzen-Meisen-Niststein in Brüstungsmauer

Nistkasten für Halbhöhlenbrüter hinter Kletterpflanzen-Rankgerüst

Mauersegler-Nistkasten an nordorientierter Fassade mit Einflug von unten

Mauersegler-Nistkasten an westorientierter Fassade in T-Träger montiert

8 Wildtierschutz am Haus

Dieses Kapitel widmet sich möglichen Konflikten und gibt einen Überblick über Maßnahmen, die bei Sanierung oder Neubau von Gebäuden ohne große finanzielle Mehrkosten zu einem guten Einvernehmen führen können.

Tierfallen entschärfen

Ohne Absicht sind viele unserer zivilisatorischen Errungenschaften zu tödlichen Fallen für Wildtiere geworden: So fliegen jährlich Millionen von Vögeln gegen Glasscheiben, und unzählige sterben daran. Lichtschächte oder Kellertreppen werden für Amphibien zum tödlichen Verlies, der Fassadenbeleuchtung fallen fliegende Tiere zum Opfer, in Regentonnen ertrinken Siebenschläfer, Igel finden keinen Ausstieg aus Wasserbecken und Swimmingpools.

Entscheidend sind die lokalen Verhältnisse: Wo es beispielsweise viele Amphibien gibt, sind Schächte ein größeres Problem als dort, wo keine Amphibien leben. Daher ist es wichtig, aufmerksam zu sein, mögliche Fallen regelmäßig zu kontrollieren oder noch besser vorbeugend mit geeigneten Maßnahmen zu entschärfen.

Eine markierte Lärmschutzwand schützt Vögel.

Sichtbares Glas

Glasscheiben sind transparent, wirken leicht und luftig, sind einfach einzubauen und aus der Architektur nicht mehr wegzudenken. Leuchtet hinter dem Glas ein besonnter Raum, wird das Glas absolut unsichtbar. Mancher von uns hat sich schon selbst die Nase angestoßen. Glas wird aber auch zum Spiegel: Ist der Raum hinter einer beleuchteten Glasscheibe dunkel, spiegelt sie die helle Umgebung. Für Vögel heißt das: Hier ist Natur, da kann ich hinfliegen.

Jedes Jahr prallen Millionen von Vögeln gegen Glasscheiben. Viele sterben erst nachträglich durch Kopfverletzungen oder innere Blutungen oder werden während ihrer Benommenheit leichte Beute für Füchse, Marder, Krähen oder Katzen.

Das Glas muss flächendeckend sichtbar gemacht werden. Vögel versuchen schon durch handgroße, ungekennzeichnete Glasflächen zu fliegen (Handflächenregel). Das Anbringen von Greifvogel-Silhouetten – egal ob schwarz, gelb oder rot – bringt nichts, denn die Vögel erkennen die Silhouetten nicht als Fressfeinde, sondern als ein beliebiges Objekt, an dem sie (vermeintlich) vorbeifliegen können.

Trotz Aufklebern bleibt das Glas für Vögel unsichtbar und wirkt tödlich.

Ähnlich unwirksam sind Glasscheiben, die mit Vogelschutz-UV-Markierungen ausgestattet sind, die nur Lebewesen wahrnehmen, die UV sehen können. Viele Vogelarten haben kein Sehvermögen im UV-Bereich. Zudem fehlen dem natürlichen Licht abends und in der Früh die UV-Anteile, sodass die Markierung dann für niemanden sichtbar sein kann.

Abdruck einer Taube auf einer Glasscheibe, gegen welche sie geflogen ist.

Mit folgenden Maßnahmen können mehr als 90 Prozent dieser Fälle verhindert werden:

Sofortmaßnahmen bei Glasscheiben, die als **Spiegel** tödlich wirken (Raum hinter Fenster ist dunkel):

- An der **Außenseite** der Glasscheibe sogenannte BirdTapes anbringen: 2 cm breite, helle Vertikalstreifen in einem Abstand von 10 cm, oder einen Punkteraster mit 0,9 cm großen Punkten alle 9 cm.
- Großflächige Folien mit den gegen Vogelanprall geprüften Mustern ankleben.
- Fliegengitter in den äußeren Fensterrahmen (außerhalb des Fensters) spannen.

Der Nachteil der nachträglich angebrachten Markierungen ist, dass sie sich möglicherweise nach einigen Jahren lösen oder durch die UV-Bestrahlung spröde werden und zerfallen. Auch das Fliegengitter muss gelegentlich ersetzt werden, wenn Risse entstehen.

- **Vorübergehend** können im Raum helle Bänder, Vorhänge oder Lamellen unmittelbar vor die Glasscheiben gehängt werden, um die Spiegelwirkung zu vermindern. Danach verbessert das Anbringen von Außenjalousien die Situation nachhaltig.

Temporäre Notlösungen, um Vogelanprall zu reduzieren: helle Lamellen oder Vorhänge

Sofortmaßnahmen bei Glasscheiben, deren **Transparenz** zu Kollisionen mit Vögeln führen (zum Beispiel Eckfenster, Wintergarten, Windschutzscheiben, Lärmschutzwände, Wartehäuschen):

- Es können die vorgängig beschriebenen Maßnahmen getroffen werden. Bei frei stehenden transparenten Scheiben am besten beidseitig. Bei Eckfenstern an der Außenseite, wobei auch die flächendeckende Markierung an der Innenseite schon eine starke Verminderung des Vogelanpralls bewirkt.

Sanierungen: Sanierungen bieten die Gelegenheit, die Konfliktpunkte mit Vogelanprall dauerhaft zu lösen. (Maßnahmen siehe vorangehenden und anschließenden Abschnitt.)

Neubau: Bei der Planung von Neubauten ist immer zu prüfen, wie die geplanten Glasflächen in Bezug auf den Vogelanprall wirken und wie dieser minimiert werden kann, zum Beispiel:

- auf Glas oder andere spiegelnde Materialien verzichten
- flächig geripptes, geriffeltes, mattiertes, sandgestrahltes oder geätztes Glas verwenden
- sandgestrahlte oder geätzte (geprüfte) Muster im Glas anbringen (helle Streifen, Quadrate oder Ähnliches); Streifen müssen mindestens 2 cm breit sein, ihr Abstand darf maximal 10 cm betragen; grafische oder künstlerische helle Markierungen verlaufen über das gesamte Glas
- Gläser mit schwarzen, horizontalen Markierungen (3 mm breit in einem Abstand von 3 cm) verwenden
- Milchglas, Kathedralglas, Glasbausteine einsetzen
- Sprossen verwenden, die Fenster optisch im 10-cm-Abstand unterteilen
- Außenjalousien anbringen

Die Forschung arbeitet an effizienten Glasmarkierungen. Die Wiener Umweltanwaltschaft, die Schweizerische Vogelwarte und die Vogelwarte Radolfzell arbeiten auf diesem Gebiet eng zusammen und testen neu entwickelte Gläser. Kleine Variationen im

Wirksame Glasmarkierungen

Muster können große Unterschiede in der Wirkung bedeuten. Die wirksamsten Glasmarkierungen finden Sie auf Flyern und Webseiten dieser Institutionen. Diverse Fenster- oder Druckfolien-Hersteller beziehen sich auf diese Muster.

Sichere Schächte und Wasserbecken

Licht- und Wasserschächte, zuweilen auch Kellertreppen, sind Fallen für kleinere Tiere wie Molche, Mäuse und Erdkröten. Sie fallen hinein und verdursten, vertrocknen, verhungern oder ertrinken, da sie keine Möglichkeit haben herauszuklettern.

Links: Abgeschrägte Randsteine können von Amphibien leicht überstiegen werden, dadurch werden sie nicht in den Schacht geführt. Rechts: Dank der Betonrampen kommen alle Tiere wieder aus der Falle.

Sofortmaßnahmen: Nachträglich können ebenerdige Lichtschachtgitter mittels Schneckenzäunen, transparenten Kunststoffplatten oder durch Überspannung mit einem engmaschigen Drahtgeflecht gesichert werden. Alternativ stellt man ein Ausstiegsbrett oder eine andere Ausstiegshilfe in den Schacht, wobei sichergestellt werden muss, dass auch der Durchschlupf durch das Abdeckgitter möglich ist.

Auch bei einem Kellerabgang lassen sich potenzielle Fallen einfach entschärfen: Ein Brett, eine betonierte Rampe oder auf jede Stufe gelegte flachere Ziegelsteine als Zwischenstufen helfen Tieren, wieder nach oben zu gelangen.

Trotz aller Vorsichtsmaßnahmen ist es möglich, dass Kleintiere in die Fallen tappen. Darum müssen mögliche Fallen weiterhin regelmäßig kontrolliert werden.

Mit Drahtgeflechten gesicherte Lichtschächte bzw. Wassertonne

In Regentonnen, die an Hauswänden stehen, können Vögel, Fledermäuse und Kleinsäuger wie Siebenschläfer ertrinken. Einmal hineingefallen, kommen sie an den glatten Wänden nicht mehr hoch. Regentonnen kann man abdecken oder – wenn dies nicht möglich ist – mit einer Ausstiegshilfe versehen (zum Beispiel Brett). Regenfallrohre lassen sich einfach sichern, indem oben ein Drahteinsatz (Laubfanggitter) hineingesteckt wird.

Neubau: Am besten ist die präventive Einfassung von Lichtschächten mit einem Rand von ca. 15–20 cm Höhe.

An Rändern von Autoabstell- oder Kehrplätzen oder von Garageneinfahrten wie auch an Straßen werden Amphibien durch die senkrecht gestellten Randsteine zu den Entwässerungsschächten geführt. Hier sterben sie früher oder später. Schräg gestellte oder im Bereich der Schächte 20 cm oder mehr zurückversetzte Randsteine ermöglichen es den Amphibien, von den Verkehrsflächen wegzukommen.

Günstig ist es, wenn Ränder von Pools mindestens 30 cm über die umgebende Fläche ragen. Ideal sind Schwimmteiche mit natürlich flachen Uferpartien. Unbenutzte Pools werden tiersicher, wenn sie abgedeckt werden.

Gezieltes Beleuchten

Starkes Licht oder stark angestrahlte Objekte und die von ihnen angestrahlten tief liegenden Wolken oder erhellten Nebel können in der Nacht Zugvögel irritieren und sie von ihrer Route ablenken. Fledermäuse, deren Ausflugöffnung aus dem Quartier angestrahlt wird, fliegen später aus, sodass sie weniger Zeit für die Nahrungssuche haben. Einige Fledermausarten meiden Licht konsequent. Beleuchtete Außenbereiche und Straßen sind für sie starke Hindernisse zwischen ihren Quartieren, Wochenstuben und Nahrungsplätzen. Der Tag-Nacht-Rhythmus von manchen Vogel- und Säugerarten wird verändert.

Zudem vernichtet die Außenbeleuchtung Millionen von Insekten, deren Zahl durch Pestizideinsätze und Lebensraumveränderungen ohnehin bereits deutlich zurückgegangen ist. Das wirkt sich auf andere Lebewesen aus, da Insekten sehr wichtig für die Bestäubung von Blüten- und Nutzpflanzen sind und ein wichtiges Glied in der Nahrungskette darstellen. Exzessive Beleuchtung bringt Arten an den Rand des Aussterbens.

Wildtierfreundlich setzt man das Licht wie folgt ein:

- Künstliches Licht nur dort einsetzen, wo es sicherheitstechnisch notwendig ist.
- Betriebszeiten für Beleuchtungen (Schaufenster, Werbeleuchten, historische Objekte), Beleuchtungsdauer (evtl. mit Bewegungsmelder ausstatten) und Beleuchtungsintensität minimieren.
- Abgeschirmte Leuchten mit geschlossenem Gehäuse verwenden, gegebenenfalls auch seitliche Blenden und Schablonen.
- Abstrahlung nur nach unten bis maximal waagrecht

Geschlossene Lichtkörper, deren Licht UV-frei nur nach unten strahlt. Die Leuchtdauer und die Lichtmenge sind auf das Notwendigste reduziert.

- Das richtige Leuchtmedium wählen; kurzwellige Strahlungen unter 490 Nanometern vermeiden. Als Leuchtmittel eignen sich Amber LED (Farbtemperatur max. 2200 Kelvin) oder warmweiße LED (Farbtemperatur max. 3000 Kelvin).

Weitere Informationen sind bei Fachorganisationen (u. a. Helle Not) und auf den im Anhang aufgeführten Webseiten erhältlich.

Entschärfte Netze, Zäune und Schornsteine

Aus verschiedenen Gründen scheint es mitunter notwendig, an Fassaden, Fenstern und Balkonen Netze anzubringen. Dabei geht es meist darum, vor bestimmten Tieren zu schützen. Das Anbringen von Netzen sollte gut überlegt werden, denn Netze versperren auch anderen, unproblematischen Tieren wie Mauerseglern und Fledermäusen den Zugang oder werden zu tödlichen Fallen. Grundsätzlich gilt:

- Netze sehr reduziert einsetzen.
- Netze straff spannen und regelmäßig nachspannen.
- Netze täglich kontrollieren und, wenn nötig, verhedderte Tiere retten.

Eine weitere mögliche Wildtierfalle steht auf dem Dach: der Schornstein. Vögel, die in einen Schornstein fallen, verschmieren sich stark, finden kaum mehr hinaus und gehen zugrunde. Deshalb ist es sinnvoll, Schornsteine mit geeigneten Schornsteinhüten oder

Hier schlüpfen Igel unten durch.

Sorgfältig gespannte und regelmäßig kontrollierte Netze verhindern den Tod von Vögeln.

entfernbaren Aufsätzen zu sichern. Die Maßnahmen werden mit dem Schornsteinfeger abgesprochen. Befinden sich Nester geschützter Vogelarten (Dohlen, Waldkauz) im Schornstein, muss neben dem Schornsteinfeger ein Vogelsachverständiger beigezogen werden, um gemeinsam eine gute Lösung zu finden (siehe Kapitel «Dohlen»).

Die Gefahr von waagrecht gespannten Innenhofnetzen sowie von Taubenabwehr-Spikes für Fledermäuse sind im Kapitel «Straßentauben» bzw. «Fledermäuse» beschrieben.

(Reb-)Netze an Hausmauern oder im Garten sollen in der Regel eine Ernte vor unerwünschten Gästen schützen. Auf folgende Punkte ist zu achten:

- Netze über Beeten: in 20 cm Höhe über der Erde aufspannen (Igelschutz).
- Senkrechte Netze: unterste 20 cm netzfrei lassen oder mit 40 cm breitem Stoffband versehen (Igelschutz).
- Netze über Sträuchern und Bäumen: unten schließen, damit keine Vögel hineinfliegen, sich verheddern, verletzen und verenden.

Abschließender Hinweis: Die Verwendung von Giften und die mechanisierte Bewirtschaftung von Grünflächen (Mähroboter, Motorsensen usw.) führt zum Tod sehr vieler Tiere – von Insekten bis Amphibien, Reptilien bis Säugetieren. Sie sollten nicht zum Einsatz kommen.

Dank

Wir danken allen, die sich für Wildtiere an Gebäuden und im Siedlungsraum in irgendeiner Weise einsetzen.

Unser Dank geht auch an alle, die in irgendeiner Weise zum Gelingen dieses Buches beigetragen haben:

Gernot Barak, Andres Beck, Katharina Bürger, Wilfried Doppler, Maria Hoi-Leitner, Ronald Lindner, Jmerio Pianari, Benedikt Heger, Daniela Heldner, Ingrid Hoffellner, Ulrich Hüttmeir, Klaus Krainer, Christian Raboud, Karin Schlechta, Ferdinand Schmeller, Erich Streit, Martha Trattner, Elisabeth Weidenegger.

Weiterführende Literatur und Links

Hinweis: Die Weblinks können sich gelegentlich ändern. In diesen Fällen kann mit Suchbegriffen aus dem Link die Bezugsquelle meist trotzdem wiedergefunden werden.

Gebäudebrüter allgemein

NABU Hamburg: hamburg.nabu.de/tiere-und-pflanzen/voegel/gebaeudebrueter/ mit Downloadmöglichkeit für schön gestaltetes Poster zu Maßnahmen für Gebäudebrüter

Bauen & Tiere, Wildtier Schweiz: www.bauen-tiere.ch mit sehr detaillierten Ausführungs-Informationen

Stocker, Michael/Meyer, Sebastian (2012). *Wildtiere. Hausfreunde und Störenfriede.* Haupt Verlag

Segler

Laesser, Jacques/Posse, Bertrand/Scholl, Iris (2025). *Nistplätze für Segler. Praxisleitfaden zur Förderung von Seglern an Gebäuden.* Schweizerische Vogelwarte Sempach. Download: www.vogelwarte.ch/wp-content/uploads/2025/06/Seglerbroschuere_2025_DE.pdf

NABU Freiburg: www.alpensegler-freiburg.de

Weber, Sylvia (2023). *Das Mauersegler-Baubuch. Ratgeber zum Artenschutz bei Sanierung und Neubau.* Hrsg. Landesbund für Vogel- und Naturschutz in Bayern e.V., Kreisgruppe München. 2., überarbeitete Auflage. Download: www.lbv-muenchen.de/fileadmin/user_upload/02_Was_wir_tun/02_03_Artenschutz_am_Gebaeuden/Download_Broschueren/2024_LBV_MauerseglerBaubuch_Web.pdf

Engeler, Alfred (2025). *Mauer- und Alpensegler. Flugakrobaten ohne Grenzen.* Haupt Verlag

Schwalben

NABU-Bundesverband (Hrsg.) (2018). *Aktiv für unsere Sommerboten und Glücksbringer. Aktionsleitfaden Schwalbenschutz.* Download: www.nabu.de/imperia/md/content/nabude/vogelschutz/nabu_alf_schwalbenschutz.pdf

Eulen

Havelka, Peter/Keil, Herbert/Mittmann, Hans-Walter (1999). *Eulen verstehen.* Hrsg. Staatliche Vogelschutzwarte Baden-Württemberg in der Bezirksstelle für Naturschutz und Landschaftspflege, Karlsruhe. Arbeitsblätter Vogelschutz 1. ISSN 1438-1699

Spiess, Martin/Schaad, Michael (2010). *Turmfalken und Schleiereulen fördern.* BirdLife Schweiz, Schweizerische Vogelwarte und Agridea. Download: www.birdlife.ch/de/content/turmfalken-und-schleiereulen-foerdern

Turmfalken

Weber, Sylvia (2009). *Gemeinsam unter einem Dach: Mensch, Turmfalke, Dohle. Ratgeber zum Artenschutz an Gebäuden und in der Stadt.* Hrsg. Landesbund für Vogelschutz in Bayern e.V., Kreisgruppe München. Download: www.lbv-muenchen.de/fileadmin/user_upload/02_Was_wir_tun/02_03_Artenschutz_am_Gebaueden/Download_Broschueren/Dohle_Turmfalke_k.pdf

Spechte

Weber, Sylvia (2018). *Wer klopft denn da? Spechte als Fassadenhacker.* Hrsg. Landesbund für Vogelschutz in Bayern e.V. (LBV), Kreisgruppe München. Download: www.lbv-muenchen.de/fileadmin/user_upload/02_Was_wir_tun/02_03_Artenschutz_am_Gebaueden/Download_Broschueren/0204_LBV_Buntspechtbroschuere_A5_3_2019_070219_04_WEB.pdf

Spatzen

Weber, Sylvia (2020). *Die Spatzenfibel. Warum es immer weniger Spatzen in der Stadt gibt und was man für sie tun kann.* Hrsg. Landesbund für Vogelschutz in Bayern e.V., Kreisgruppe München. Download: www.lbv-muenchen.de/fileadmin/user_upload/02_Was_wir_tun/02_03_Artenschutz_am_Gebaueden/Download_Broschueren/1209_LBV_Spatzenfibel_2020_web.pdf

Wildbienen und Wespen

Folgende Webseiten sind zu empfehlen: www.wildbienen.info, www.wildbienen.at, www.wildbiene.com, www.wildbienen.de

Eaton, Eric R. (2024). *Wespen. Unterschätzte Insekten mit erstaunlichen Fähigkeiten.* Haupt Verlag

Voskuhl, Janina/Zucchi, Herbert (2020). *Wildbienen in der Stadt – entdecken, beobachten, schützen.* Haupt Verlag

Insektenrangerin, Tine Klink (2024). *Wespen und Hornissen. Faszinierende Nachbarinnen.* Hrsg. Umweltbildungszentrum, Augsburg. Download: www.ubz-augsburg.de/files/Downloads_US/Insektenrangerin/Flyer_Wespen_Hornissen_2024.pdf

Fledermäuse

Bader, Elias/Krättli, Hubert (2022). *Fledermausschutz. Der Ratgeber für die Praxis.* Haupt Verlag

Dietz, Christian/Nill, Dietmar/von Helversen, Otto (2016). *Handbuch der Fledermäuse Europas und Nordwestafrikas.* Kosmos Verlag

Dietz, Markus/Weber, Marion (2000). *Baubuch Fledermäuse. Eine Ideensammlung für fledermausgerechtes Bauen.* Hrsg. BUND Naturschutzzentrum westlicher Hegau. www.all-about-bats.net

Tiere im Garten

Thomas, Adrian (2013). *Gärtnern für Tiere. Das Praxisbuch für das ganze Jahr.* Haupt Verlag

Kremer, Bruno P./Richarz, Klaus (2021). *Tiere in meinem Garten. Wertvolle Lebensräume für Vögel, Insekten und andere Wildtiere gestalten.* 2. Auflage. Haupt Verlag

Fassadenbegrünung

Bundesverband GebäudeGrün e.V. (BuGG) (Stand 01/2023). *Grüne Innovation: Fassadenbegrünung. Positive Wirkungen, Grundlagenwissen, Praxisbeispiele.* Download: www.gebaeudegruen.info/wissen-und-ressourcen/broschueren-und-downloads/broschuerenuebersicht/

Kraus, Florian & al. (2019). *Leitfaden Fassadenbegrünung.* Hrsg. MA 22 - Wiener Umweltschutzabteilung - Bereich Räumliche Entwicklung / ÖkoKaufWien - Arbeitsgruppe 25 - Grün- und Freiräume. Download: www.wien.gv.at/umwelt/leitfaden-fassadenbegruenung

Dachbegrünung

Dube, Jan (2019). *Auf die Dächer – fertig – grün! Hamburger Gründachstrategie. Dachbegrünung: Leitfaden zur Planung.* Hrsg. Freie und Hansestadt Hamburg, Behörde für Umwelt und Energie (BUE). Download: www.hamburg.de/politik-und-verwaltung/behoerden/bukea/themen/hamburgs-gruen/gruendach-und-gruene-fassaden/leitfaden-281298

Nikles, Evelyne/Knobel, Bettina/Reisner, Yvonne (2020). *Flachdachbegrünung. Flachdächer richtig begrünen – das ökologische Potenzial nutzen.* Hrsg. Bau- und Verkehrsdepartement des Kantons Basel-Stadt, Stadtgärtnerei Basel. Download: media.bs.ch/original_file/5073ffa4807e9736b9eb5bcf95798d647ae3de4c/flachdach-begruenung-2020.pdf

Pitha, U. & al. (2021). *Leitfaden Dachbegrünung.* Hrsg. Stadt Wien - MA22 Umweltschutz, Wien. Download: www.wien.gv.at/pdf/ma22/gruendaecher-leitfaden.pdf

Dachbegrünung und Solarenergieanlagen (2021). Download: www.swissolar.ch/01_wissen/planung-und-umsetzung/dachbegruenung/solarenergie_dachbegruenung_website.pdf

Bildnachweis

Umschlag

Vorne: AdobeStock/Marc (Mauersegler)

Hinten: Sebastian Meyer (Alpensegler und Wespennest); Michael Stocker (Weißrandfledermaus)

Illustrationen: Karin Bauer, D-Augsburg

Fotos

Alle Fotos **Michael Stocker**, außer:

AdobeStock: Alexander: 140; ondrejprosicky: 135

ARGE Naturschutz: 123 oben

Barak, Gernot: 6, 164 2. Reihe beide

Beck, Andres: 23 oben rechts, 23 unten

Blickwinkel: AGAMI/T. Douma: 116; AGAMI/A. Ghignone: 33; AGAMI/Ralph Martin: 21; AGAMI/M. Varesuvo: 75, 76 unten, 90; AGAMI/R. Visscher: 34 unten; J. Fieber: 44, 128; S. Gerth: 82; F. Hecker: 100, 105, 139; A. Held: 133; M. Kühn: 24; G. Kunz: 109 rechts klein, 112; D. Mahlke: 120; McPHOTO/M. Jegen: 71 oben; McPHOTO/A. Schauhuber: 108 unten; E. Menz: 118; R. Müller: 26; D. Occhiato: 77; M. Woike: 37; K. Wothe: 129

Bürger, Katharina: 123 unten

Flickr: Rolf Dietrich Brecher/CC BY-SA 2.0: 38, 39; Rolf Dietrich Brecher/CC BY 2.0: 40 oben rechts; Patrick Clement/CC BY 2.0: 60 unten; Andi Erdner/CC BY-ND 2.0: 45 oben; Groman123/CC BY-SA 2.0: 103; guddb/CC BY-ND 2.0: 97 oben links; Ralf Hüsges/CC BY 2.0: 45 unten, 83; ianpreston/CC BY 2.0: 60 oben; Jorbasa Fotografie/CC BY-ND 2.0: 97 oben rechts; kees torn/CC BY-SA 2.0: 62 unten; Thomas Quine/CC BY 2.0: 36 rechts; Alfred Schierholz/CC BY 2.0: 110 unten; Antje Schultner/CC BY-SA 2.0: 76 oben; Oliver Seitz/PD: 69

Heldner, Daniela: 66 unten

Hoffellner, Ingrid (Overplan): 166 unten

Hofmann, Claudia: 2; 71 unten

Hoi-Leitner, Maria: 65 links unten

Meyer, Sebastian: 9; 13 links; 17 unten Mitte, 17 unten rechts; 18 2. Reihe Mitte; 19; 20 oben rechts; 20 unten; 23 oben links; 25; 27 oben; 29; 34 oben; 35 links; 40 unten; 41; 42; 49; 54 alle; 55 2. Reihe beide; 55 2. von unten; 59 beide; 61; 67 unten links; 67 unten Mitte; 78 unten links; 80 oben; 81 Mitte beide; 86; 88; 89 rechts; 96; 98 unten; 101 oben; 104 alle; 106 oben links; 124; 125 Mitte beide; 125 unten beide; 126 unten rechts; 130; 143 unten beide; 144 unten beide; 146 oben beide, 146 unten rechts; 148 beide; 157 Mitte; 177 unten alle; 179 unten links

Okapia: imageBROKER/alimdi/Arterra/Philippe Clément: 134 oben; imageBROKER/FLPA/Paul Sawer: 46; imageBROKER/Raimund Linke: 136

Pianari, Jmerio:17 unten links

Pixabay: garten-gg: 98 oben rechts; mrosemann7192: 99

Raboud, Christian: 66 oben

Schlechta, Karin: 65 rechts

Scholl, Iris: 20 oben links

Visualisierung Expressiv: 169 oben

Wikimedia Commons: Lusi Lindwurm/CC BY-SA 4.0: 62 oben; Alexis Lours/CC BY 4.0: 10; PaterMcFly/CC BY 3.0: 115

Wolf, Andreas: 119

Zinco GmbH: 149 unten

Stichwortverzeichnis

Kursiv gesetzte Seitenzahlen verweisen auf Abbildungen.

1. Auflage: 2026

ISBN 978-3-258-08458-9

Umschlag, Gestaltung und Satz: Die Werkstatt Medien-Produktion GmbH, D-Göttingen
Lektorat: Grit Zacharias, D-Leipzig

Wir drucken mit mineralölfreien Farben und verwenden FSC®-zertifiziertes Papier.
FSC® sichert die Nutzung der Wälder gemäß sozialen, ökonomischen und ökologischen Kriterien.
Gedruckt in Bosnien und Herzegowina

FSC www.fsc.org MIX Papier | Fördert gute Waldnutzung FSC® C118234

Diese Publikation ist in der Deutschen Nationalbibliografie verzeichnet.
Mehr Informationen dazu finden Sie unter http://dnb.dnb.de.

Der Haupt Verlag wird vom Bundesamt für Kultur für die Jahre 2026–2028 unterstützt.

© Shutterstock, Huza Studio

Wir verlegen mit Freude und großem Engagement unsere Bücher. Daher freuen wir uns immer über Anregungen zum Programm und schätzen Hinweise auf Fehler im Buch, sollten uns welche unterlaufen sein.

Haupt Verlag AG
Falkenplatz 14
CH-3012 Bern
herstellung@haupt.ch
www.haupt.ch

Verantwortlich in der EU (GPSR):
Brockhaus Kommissionsgeschäft GmbH
Kreidlerstr. 9
DE-70806 Kornwestheim
haupt@brocom.de